商品企画七つ道具

潜在ニーズの発掘と
魅力ある新商品コンセプトの創造

一般社団法人 日本品質管理学会 監修
丸山 一彦 著

日本規格協会

JSQC選書
JAPANESE SOCIETY FOR
QUALITY CONTROL
30

JSQC 選書刊行特別委員会

(50 音順, 敬称略, 所属は発行時)

委員長　飯塚　悦功　東京大学名誉教授

委　員　岩崎日出男　近畿大学名誉教授

　　　　長田　　洋　東京工業大学名誉教授

　　　　久保田洋志　広島工業大学名誉教授

　　　　鈴木　和幸　電気通信大学大学院情報理工学研究科情報学専攻

　　　　鈴木　秀男　慶應義塾大学理工学部管理工学科

　　　　田中　健次　電気通信大学大学院情報理工学研究科情報学専攻

　　　　田村　泰彦　株式会社構造化知識研究所

　　　　水流　聡子　東京大学大学院工学系研究科化学システム工学専攻

　　　　中條　武志　中央大学理工学部経営システム工学科

　　　　永田　　靖　早稲田大学理工学術院創造理工学部経営システム工学科

　　　　宮村　鐵夫　中央大学理工学部経営システム工学科

　　　　棟近　雅彦　早稲田大学理工学術院創造理工学部経営システム工学科

　　　　山田　　秀　慶應義塾大学理工学部管理工学科

　　　　小梁川崇之　一般財団法人日本規格協会

●執筆者●

丸山　一彦　和光大学経済経営学部経営学科

発刊に寄せて

　日本の国際競争力は，BRICs などの目覚しい発展の中にあって，停滞気味である．また近年，社会の安全・安心を脅かす企業の不祥事や重大事故の多発が大きな社会問題となっている．背景には短期的な業績思考，過度な価格競争によるコスト削減偏重のものづくりやサービスの提供といった経営のあり方や，また，経営者の倫理観の欠如によるところが根底にあろう．

　ものづくりサイドから見れば，商品ライフサイクルの短命化と新製品開発競争，採用技術の高度化・複合化・融合化や，一方で進展する雇用形態の変化等の環境下，それらに対応する技術開発や技術の伝承，そして品質管理のあり方等の問題が顕在化してきていることは確かである．

　日本の国際競争力強化は，ものづくり強化にかかっている．それは，"品質立国" を再生復活させること，すなわち "品質" 世界一の日本ブランドを復活させることである．これは市場・経済のグローバル化のもとに，単に現在のグローバル企業だけの課題ではなく，国内型企業にも求められるものであり，またものづくり企業のみならず広義のサービス産業全体にも求められるものである．

　これらの状況を認識し，日本の総合力を最大活用する意味で，産官学連携を強化し，広義の "品質の確保"，"品質の展開"，"品質の創造" 及びそのための "人の育成"，"経営システムの革新" が求められる．

"品質の確保"はいうまでもなく，顧客及び社会に約束した質と価値を守り，安全と安心を保証することである．また"品質の展開"は，ものづくり企業で展開し実績のある品質の確保に関する考え方，理論，ツール，マネジメントシステムなどの他産業への展開であり，全産業の国際競争力を底上げするものである．そして"品質の創造"とは，顧客や社会への新しい価値の開発とその提供であり，さらなる国際競争力の強化を図ることである．これらは数年前，(社)日本品質管理学会の会長在任中に策定した中期計画の基本方針でもある．産官学が連携して知恵を出し合い，実践して，新たな価値を作り出していくことが今ほど求められる時代はないと考える．

ここに，(社)日本品質管理学会が，この趣旨に準じて『JSQC 選書』シリーズを出していく意義は誠に大きい．"品質立国"再構築によって，国際競争力強化を目指す日本全体にとって，『JSQC 選書』シリーズが広くお役立ちできることを期待したい．

2008 年 9 月 1 日

社団法人経済同友会代表幹事
株式会社リコー代表取締役会長執行役員
(元 社団法人日本品質管理学会会長)

桜井 正光

ま え が き

商品企画七つ道具（Seven Tool for New Product Planning：省略する場合は P7 と略記する．）は，企画プロセスとして重要となる活動要素を，七つの企画ステップに精査し，各企画ステップで有用となる七つの手法をパッケージ化し，新商品企画プロセスのどこでどのように用いるかの指針を与え，体系化した方法論である．

1990 年に TRG（TQC Research Group）の中の一つの研究テーマとして神田範明博士（現在成城大学教授）が，商品企画七つ道具の研究をスタートさせ，1992 年には，大藤正博士（現在玉川大学名誉教授），岡本眞一博士（現在東京情報大学名誉教授），今野勤博士（現在神戸学院大学教授），長沢伸也博士（現在早稲田大学ビジネススクール教授）とともに，"商品企画とマーケティング" ワーキンググループを組織して，真に顧客や社会が望むニーズを捉え，そこから優れた新商品のコンセプトを創り上げる方法論の研究が活発に行われた．そして 1994 年 6 月 25 日の TRG シンポジウムで，"商品企画七つ道具" が提案され，公式に誕生した．この公式誕生を機に，筆者も研究グループに参画し，1995 年 11 月には初めての本格的テキスト『商品企画七つ道具』が出版された．

公式誕生から今年（2019 年 6 月）で 25 年，播種された時期から来年（2020 年）で 30 年という節目の時を迎えている．この間，多くの企業・団体で商品企画七つ道具の導入や適用が行われ，企画業務・プロセスの改新はもちろん，予想の 2 倍以上売れたという

新商品も誕生するなど，多くの役割と成果を残してきた．その当時，経験と勘のみを頼りにした企画プロセスや方法が主流だった"商品企画"に対して，大きな一石を投じたと言える．

また商品企画七つ道具も，多くの実践的研究を踏まえ，2代目のP7-2000に改変し，2000年6月26日に，このP7-2000を詳しく解説した『ヒットを生む商品企画七つ道具』の実践シリーズ第1巻〜第3巻を出版した．さらに商品企画七つ道具の様々なジャンルへの導入や活用方法について研究が行われ，2004年には，産業別に商品企画七つ道具の各手法をどのようなモジュールとして用いるとよいかの推奨事項や注意点を事例とともにまとめた『顧客価値創造ハンドブック』が出版され，商品企画七つ道具の汎用性や活用性は強化されていった．また2013年には商品企画七つ道具をより戦略的に活用する"Neo P7"や"ピラミッド型仮説構築法"の開発など，商品企画七つ道具は現在もなお進化・発展を遂げている．

本書は，この商品企画七つ道具について，誕生から最新研究，基本思想とシステム思考，特長・役割・価値，各手法の使い方とその実践方法など，その全てを1冊で理解できるものを目指した．そのため，本書には次のような特徴がある．

過去の商品企画七つ道具の書籍ではあまり取り上げてこなかった市場環境変化の歴史や品質保証との関係も加え，新たな価値創造や新商品開発マネジメントにおける商品企画七つ道具の役割や価値をわかりやすく説明している．また商品企画七つ道具は，七つの各手法を単独で用いるのではなく，連鎖させて用いるため，商品企画七つ道具のシステム思考の説明とともに，各手法の解説では，各企

画ステップのインプットとアウトプットを明示することで，各手法を連鎖して使用する狙いや活用方法が理解しやすくなっている．そして各手法については，ここだけは押さえておきたいという実務的な要点，勘所（注意点）に焦点を絞り，各手順を表形式にまとめており，初学者にも理解しやすい．さらに各手法を実践例と対応させながら，その使い方と役立つ推奨事項についても学ぶことができる．そして"仮説発掘法""ピラミッド型仮説構築法"も解説しており，商品企画七つ道具の最新研究を，P7-2000 と関連させて学ぶことができる．

　本書の構成は次のようになっている．第 1 章では，新たな価値創造や新商品開発マネジメントにおける商品企画七つ道具の役割と価値，そして体系的な方法論としての全体構成と各手法の概要を解説する．続いて，第 2 章で，商品企画七つ道具の各手法について，各手法（インタビュー調査法・アンケート調査法・ポジショニング分析法・アイデア発想法・アイデア選択法・コンジョイント分析法・品質表）の使い方とその実践方法などをわかりやすく解説する．第 3 章では，商品企画七つ道具の最新研究として，昨今の市場環境変化に対応する Neo P7 の"仮説発掘法"について，その使い方と実践方法を解説する．第 4 章では，同様に最新研究として，ターゲット顧客や対象商品が不明確な場合に適用する"ピラミッド型仮説構築法"について，その使い方と実践方法を解説する．ピラミッド型仮説構築法では，どのように P7-2000 と連携させて用いるかも解説する．第 5 章では，"デジアナノートの商品企画"という一つのテーマを取り上げ，ピラミッド型仮説構築法も含めた商品

企画七つ道具の実践例を説明する.

これらの特徴や構成から,本書は次の方々を読者として想定している.本書が少しでもこれらの読者のお役に立ち,組織の価値創造活動とその教育に貢献できれば,望外の幸せである.

① 商品企画を実務で活用又は学ぶ企画者・開発者

② 新商品開発を管理するマネジャーや品質保証責任者

③ 商品企画を学ぶ大学院生及び学部生

④ 商品企画,新商品開発マネジメントに興味関心のある一般読者

最後に,商品企画七つ道具の手法で,統計解析が伴う手法については,オープンソース・フリーソフトウェアのRを活用した商品企画七つ道具の"専用ソフトウェア"を神田研究室で開発・公開(無償で)し,その解説書も出版されており,ぜひ活用していただきたい.

なお本書は,JSQC選書刊行特別委員会により査読をいただき,貴重なご助言をいただいた.特に,JSQC選書刊行特別委員会委員長の東京大学名誉教授飯塚悦功先生,中央大学教授中條武志先生には,刊行に向けて多くのご助言とご指導をいただき,本書の価値をより高めていただいた.また出版に当たっては,日本規格協会グループ出版情報ユニットの皆様より多くのご尽力をいただいた.それぞれ関係各位に厚く御礼申し上げたい.

2019年8月 盛夏の陽が射すミュンヘンにて

丸山 一彦

目　　次

発刊に寄せて
まえがき

第1章　商品企画七つ道具とは

1.1　新商品開発における商品企画の役割と難しさ ……………… 13
1.2　商品企画七つ道具の概要と特徴 ……………………………… 19
1.3　商品企画七つ道具を用いて企画のプロセス保証を実現する … 22
1.4　新商品の種類に応じた商品企画七つ道具の活用 …………… 24

第2章　商品企画七つ道具の各手法

2.1　はじめに …………………………………………………………… 27
2.2　インタビュー調査法 …………………………………………… 28
2.3　アンケート調査法 ……………………………………………… 40
2.4　ポジショニング分析法 ………………………………………… 50
2.5　アイデア発想法 ………………………………………………… 57
2.6　アイデア選択法 ………………………………………………… 69
2.7　コンジョイント分析 …………………………………………… 74
2.8　品質表 …………………………………………………………… 84

第3章　市場環境の変化と商品企画七つ道具の進化
　　　　—Neo P7 と仮説発掘法—

3.1　はじめに …………………………………………………………… 91
3.2　仮説発掘法とは ………………………………………………… 93

10

3.3 フォト日記調査法 ……………………………………………… 94

3.4 仮説発掘アンケート調査法 ……………………………………… 99

3.5 商品企画七つ道具（P7-2000）から見た仮説発掘法の
位置付け ……………………………………………………… 100

第4章 ターゲット顧客や対象商品が不明確な場合への適用
―ピラミッド型仮説構築法―

4.1 はじめに …………………………………………………… 105

4.2 有望市場洞察分析法 ……………………………………… 108

4.3 競合対象商品調査法 ……………………………………… 116

4.4 有望ターゲット顧客洞察分析法 ………………………… 120

4.5 魅力的提供価値洞察分析法 ……………………………… 125

4.6 ピラミッド型仮説構築法と商品企画七つ道具との関係 …… 132

第5章 商品企画七つ道具を用いた商品企画の実践例
―デジアナノートの商品企画―

5.1 はじめに …………………………………………………… 135

5.2 仮説となる新商品コンセプトの方向性を構築する
企画プロセス（ピラミッド型仮説構築法）………………… 137

5.3 新商品コンセプトの方向性を示した仮説を定性的に検証
する企画プロセス（インタビュー調査法）………………… 141

5.4 新商品コンセプトの方向性を示した仮説を定量的に検証
する企画プロセス（アンケート調査法）…………………… 146

5.5 顧客の購入意向が高まる新商品コンセプトの方向性・競合
関係を分析する企画プロセス（ポジショニング分析法）…… 152

5.6 新商品コンセプトの具体的な有望アイデアを効率よく
的確に創出する企画プロセス（アイデア発想法）………… 154

5.7 有望アイデアの絞り込みを顧客評価によって客観的に
行う企画プロセス（アイデア選択法）……………………… 158

5.8 顧客評価によって最適な新商品コンセプトを選定する
　　 企画プロセス（コンジョイント分析法）………………… 159

5.9 新商品を特徴付ける顧客の期待項目とその期待を実現
　　 する重要な技術特性の関連性を可視化する企画プロセ
　　 ス（品質表）…………………………………………… 162

5.10 経営管理者から企画の承認を得て，後工程の各部門へ
　　　 企画内容を的確に伝達・共有する企画プロセス（企画
　　　 書の作成と企画書承認会議でのプレゼンテーション）…… 164

あとがき ……………………………………………………… 171

引用・参考文献 ………… 173

索　引 ……………… 175

第1章　商品企画七つ道具とは

1.1　新商品開発における商品企画の役割と難しさ

　企業・組織は，どれだけ効率的な組織運営が行えても，顧客が望む新商品（新製品・新サービス）を開発できなければ，顧客から見放され，存続できなくなる．また変化の激しい現在の社会にあっては，顧客にとっての新たな価値を創造し続けることができないと，企業・組織の価値を継続できなくなる．このため，開発した新商品が期待した結果（売上げや利益など）を生み出せるかどうかは，業種や規模に関係なく，企業・組織にとって共通した重大な関心事であり，新商品開発は，全社員・全部門で取り組むべき重要な活動と言える．

　開発した新商品が期待した結果を生み出すためには，開発した新商品によって顧客を満足させる，又は感動させる必要がある．このためには，図1.1に示すように，顧客のニーズと自社が提供した商品がイコールとなることを確実にする必要がある．ニーズの中には顧客自身が認識していない潜在的なものもあるが，これを的確に捉えて顧客の期待を超えるような商品を提供することで，顧客を感動させることができる．

　TQM（Total Quality Management：総合的品質管理）では，品

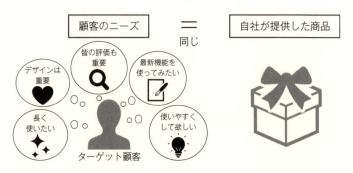

図 1.1 開発した新商品によって顧客を満足・感動させる関係

質保証を"顧客・社会のニーズを満たすことを確実にし，確認し，実証するために，組織が行う体系的活動"と定義している[1]．その上で，企業・組織が行うべき活動を次の二つに分けている．

① 新商品開発管理："顧客のニーズ＝自社が提供する商品の狙い"となることを確実にするための活動

② プロセス保証："自社が提供する商品の狙い＝自社が提供した商品"となることを確実にするための活動

この①と②が同時に達成されることにより"顧客のニーズ＝（自社が提供する商品の狙い＝）自社が提供した商品"が実現できる．

①の新商品開発のプロセスは，図 1.2 に示すように，大まかに六つのプロセスに分けられる．このうちの"1）商品の企画・計画"は，潜在ニーズを把握し，新商品のコンセプト（目標とする顧客とそのニーズ，そしてニーズを満たすための魅力ポイントとなる具体的アイデアの組合せ要件）を導出するプロセスであり，2）以降の引き継ぐ内容をどのように進めるのかを計画する活動も含まれる．この図からもわかるように，新商品開発の出発点は"企画"であ

1.1 新商品開発における商品企画の役割と難しさ

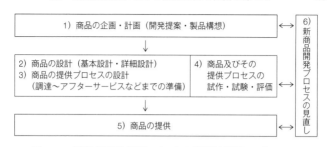

図 1.2 新製品開発管理における新製品開発のプロセス

［出典　日本品質管理学会編（2009）：新版品質保証ガイドブック，日科技連出版社，p.24 を一部修正］

り，企画の結果が，その後のプロセスの全てに連鎖し，影響することがよくわかる．

品質保証活動を歴史的[2]に見ると，図 1.2 の"5）商品の提供"プロセスにおいて"自社が提供する商品の狙い＝自社が提供した商品"を確実にするための"プロセス保証"が最初に取り組まれ，この考え方をもとに，"顧客のニーズ＝自社が提供する商品の狙い"を確実にするための"2）商品の設計""3）商品の提供プロセスの設計""4）商品及びその提供プロセスの試作・試験・評価"の質を向上させる活動へと発展した．さらにこの考え方が"1）商品の企画"を含めた上流に広がるとともに，企画から提供までの全体のプロセスをマネジメントする現在の"新商品開発管理"へとつながった．

このような品質保証の発展の経緯から，新商品開発プロセスの一番上流に位置する"企画"については，その重要性が早くから指摘されていながらも，企画の質保証やプロセス保証など，新商品企画のマネジメントに対する考え方や方法論が明確には示されてこな

かった.

これは，新商品開発プロセスの上流にいくほど，マネジメントする対象が可視化しづらく，更に同じ商品を繰り返し企画することはなく，標準化したプロセスを規定しづらいためである．また上流の結果（源流情報）は，下流のさまざまな部署や箇所に複合的に影響するため，上流にさかのぼるほど，ゴールまでの全プロセスを詳細に見てしまうと，枝分かれは無限的に増え，マネジメントが難解になってしまう.

商品が不足しており，顧客のニーズが顕在化していたときは，企画を十分行わなくとも，顧客の要望は理解しやすく，研究開発段階で対応できることが多かった．また商品のライフサイクルが長いときは，商品を市場に出してからさまざまな改善・改良を行い，時間をかけて真の顧客ニーズに合致させていくことも可能であった.

しかし，成熟社会になり，顧客のニーズが潜在化してくると，企画を十分に行わないと，曖昧で不明瞭な新商品コンセプトをもとに研究開発を行うことになり，真の顧客ニーズに沿わない企業側の都合を優先した新商品開発が行われたり，新商品コンセプトの細部を確定するために，真の顧客ニーズではないものも含めた多くの複数案について，多くの時間と費用をかけて研究開発したりすることになってしまう．また商品のライフサイクルが短くなると，商品を市場に出してから改善・改良を行っていく後手的なアプローチでは，真の顧客ニーズに合致する前に，商品が市場から衰退してしまうことになる.

つまり，"顧客ニーズ＝自社が提供する商品の狙い"の精度（企

画のアウトプットの質)を上げるとともに,新商品開発プロセスの早い段階から"顧客ニーズ＝自社が提供する商品の狙い"を実現しておくこと(企画のプロセス保証)が必要な時代になってきたと言える(図 1.3).

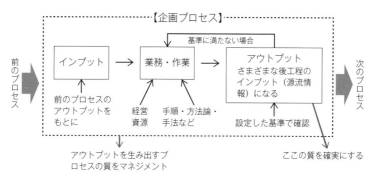

図 1.3 企画のプロセス保証

このように顧客のニーズが潜在化し,商品のライフサイクルが短くなった今の時代にプロセスを定めずに試行錯誤的に行うことは,自由度は高いが,どこまで進んでいるのか,適切な方向に進んでいるのかがわからず,結局最後のほうで問題や課題が顕在化し,山積することになる.それよりは,プロセスを細かく分解し,幾つかのサブプロセスで構成される企画プロセスを定め,各サブプロセスの節目で企画の進度とサブプロセスのアウトプットを確認するのがよい.これにより,早い段階から"顧客ニーズ＝自社が提供する商品の狙い"を実現するための意思決定や問題・課題の検出ができ,検出した問題・課題について決定・検討・対策していくことで,後工程を有利な(無駄な作業なく,何事にも先手が打てる)状況・状態

で進行できるようになり，競合他社との競争にも戦略的に打ち勝つことができると考えられる．

同じ企画を二度行わないとしても，新商品コンセプトを創造するための繰り返しの作業は存在するはずであり（例えば，アンケート調査やアイデア発想など），企画プロセスで有利な状況・状態を築くための基本的作業（例えば，有望市場を定める，その市場での有望ターゲット顧客を探すなど）も存在するはずである．これは，過去に指された全く同じ手順で勝敗がついたことが一度もないと言われる将棋やチェスなどに，序盤（初手から40手程度）の定跡型が存在していることに通じるものがある[3]．

そしてプロセス保証は，プロセス保証の連鎖をつくることで有効に働かせることができる．つまり企画プロセスのアウトプットを，既に確立されている次のプロセス保証のインプットに役立つように設計すれば，その企画のプロセス保証はより有効に機能する．"生産・提供"で成功を収めたプロセス保証の考え方を企画・開発軸にも応用し，研究開発における品質保証を支援する方法論として"QFD（Quality Function Deployment：品質機能展開）"[4]がある．しかし，QFDの出発点となる品質表で，顧客が新商品の魅力ポイントとして期待している項目を的確にそして具体的に示すことは，必ずしも容易ではなかった．つまり品質表のインプットのところで，新商品開発のプロセス保証の連鎖が止まっていたとも言える．ここに企画のプロセス保証が連鎖することで，新商品開発全体のプロセス保証がより有効に機能するようになると考えられる．

以上のように，成熟社会では新たな価値創造に取り組むことが期

待され，顧客・社会のニーズを的確に把握し，このニーズと自社が提供する新商品のコンセプトをイコールになることを確実にする必要がありながら，商品企画は担当者の経験や勘によるところが大きく，失敗や課題が山積しており，商品企画に対して科学的にアプローチできる方法論が求められている．

(1.2) 商品企画七つ道具の概要と特徴[5]〜[7]

商品企画七つ道具は，企画プロセスを，インタビュー調査，アンケート調査，ポジショニング分析，アイデア発想，アイデア選択，コンジョイント分析，品質表設計の七つのモジュールから構成されるプロセスとして整理した上で，各モジュールで有用となる“インタビュー調査法”“アンケート調査法”“ポジショニング分析法”“アイデア発想法”“アイデア選択法”“コンジョイント分析法”“品質表”の七つの手法をパッケージ化し，どのように用いるかの指針を与え，体系化した方法論である．各手法を単独で用いるのでなく，体系的に連鎖させて用いることを前提としている．各手法の概要と特徴を表 1.1 に示す．

商品企画においては，潜在ニーズの的確な把握とその潜在ニーズを具体的な魅力ある新商品コンセプトの形に展開することが，重要な活動要素になる．この重要な活動要素を七つに分けたのが，商品企画七つ道具の七つのモジュールである．

最初のモジュール“インタビュー調査”は，潜在ニーズの仮説を検証・具体化，又は新しい潜在ニーズの仮説を発見する役割があ

第1章　商品企画七つ道具とは

表1.1　商品企画七つ道具の概要と特徴

企画ステップ		商品企画七つ道具		手法の概要	手法の型
サブプロセス	モジュール				
(潜在ニーズの発見と検証)調査・分析サブプロセス	ニーズの把握	①インタビュー調査法	グループインタビュー調査法	集団心理の影響も加味された"仮説の具体化"や"新しい仮説の発見"が得られる手法	定性的手法　発散技法 [顧客の評価]　仮説の構築
			評価グリッド調査法	商品選好の評価構造を抽出し、その評価構造をわかりやすく系統図にまとめることのできる手法	
	ニーズの検証	②アンケート調査法		設定した市場・ターゲット顧客の有望性と魅力的な新商品コンセプトの方向性を定量的に検証し、有望な市場・ターゲット顧客と新商品コンセプトの方向性を明確にする手法	定量的手法　収束技法 [顧客の評価]　仮説の検証
	市場の競合関係・有望性の検討	③ポジショニング分析法		設定した市場の競合関係・有望性と魅力的な新商品コンセプトの方向性を定量的に検証するための手法	
(独創的アイデアの創発)発想・統合サブプロセス		④アイデア発想法	アナロジー発想法	既存商品に対する常態化して仕方ないと思われている不満・要望から、新商品のアイデアを発想していく手法	定性的手法　発散技法　仮説の構築
			チェックリスト発想法	既存商品に対する早急に解決して欲しいと思われている不満や要望から、新商品のアイデアを発想していく手法	
			焦点発想法	アイデアを出すテーマとは全く無関係のモノ・コトを、既存商品に対するなかなか言葉では表せない要望に対応するように、強制的にテーマに関連するアイデアに連想していく手法	
			シーズ発想法	既存商品に対する現在の技術では解決が困難だと思われている不満・要望から、新商品のアイデアを発想する手法	
選定・最適化サブプロセス(アイデア・コンセプトの選定と最適化)	アイデアの絞り込み	⑤アイデア選択法	重み付け評価法	ポジショニング分析で得られた項目を用いて、顧客の評価によって客観的にアイデアを選択する手法	定量的手法　収束技法 [顧客の評価]　仮説の検証
			一対比較評価法	ポジショニング分析によって導出されていない評価項目を用いて、客観的にアイデアを選択する手法	
	最適コンセプトの選定	⑥コンジョイント分析法		選定したアイデアについて、顧客の評価を取り入れた、価格やブランド価値も含めた最適な新商品コンセプトの具体案を選定する手法	
移行・接続サブプロセス(設計プロセスへの最適コンセプトの移行・接続)		⑦品質表		顧客が新商品の魅力ポイントとして期待していることを確実に設計の諸要素に盛り込み、その各期待する項目をどの技術特性とどの程度の技術レベルで実現すべきかを検討する手法	定性的手法　発散技法　仮説の構築

り，そこで用いるインタビュー調査法は，上記の潜在ニーズに関することを定性的に把握するのに役立つ．

2番目のモジュール"アンケート調査"は，潜在ニーズの仮説を検証する役割があり，そこで用いるアンケート調査法は，上記の潜在ニーズに関することを統計的に検証し，潜在ニーズの有望性を定量的に評価するのに役立つ．

3番目のモジュール"ポジショニング分析"は，潜在ニーズの方向性にある競合品の競合関係を把握する役割があり，そこで用いるポジショニング分析法は，顧客の購入意向が高まる方向でのニッチな領域，競合関係を把握するのに役立つ．

4番目のモジュール"アイデア発想"は，潜在ニーズを満たす新商品コンセプトの具体的なアイデアを創出する役割があり，そこで用いるアイデア発想法は，有望なアイデアを効率よく的確に，多数創出するのに役立つ．

5番目のモジュール"アイデア選択"は，有望アイデアを顧客の評価によって絞り込む役割があり，そこで用いるアイデア選択法は，独創的なアイデアに対して，顧客の評価を用いて客観的に選択するのに役立つ．

6番目のモジュール"コンジョイント分析"は，最適な新商品コンセプトの具体案を選定する役割があり，そこで用いるコンジョイント分析法は，新商品を特徴付けるコンセプトの主要因，最適な水準の組合せに関する顧客の価値判断を導出するのに役立つ．

最後のモジュール"品質表設計"は，顧客が新商品の魅力ポイントとして期待していることを確実に設計の諸要素に盛り込む役割が

あり，そこで用いる品質表は，顧客が新商品の魅力ポイントとして期待していることを，どの技術特性とどの程度の技術レベルで実現すべきかを検討するのに役立つ．

商品企画七つ道具の特長は，インタビュー調査法やアンケート調査法など，既に多くの方々がいろいろな用途に活用されている手法をもとにしながら，これらの手法を新商品企画で用いやすいように工夫・改良が加えられていることである．さらに，"仮説の構築" と "仮説の検証" が適切に繰り返し行われるように，定性的手法（顧客の意見をより深掘りでき，固定概念に捉われず，新しい発想が行える発散技法）と定量的手法（データに基づいて科学的・客観的に最適解を導く収束技法）がバランスよく配置されている点も特長である．例えば，インタビュー調査で仮説の構築を行い，アンケート調査で仮説の検証を行う．また，更にその検証結果を用いてアイデア発想で仮説の構築を行い，アイデア選択，コンジョイント分析で仮説の検証を行っている．

(1.3) 商品企画七つ道具を用いて企画のプロセス保証を実現する

商品企画七つ道具は，図 1.4 に示すように，全体が IPO（Input-Process-Output）の形を持つ一つのプロセスになっている．また，全体を構成するインタビュー調査，アンケート調査などの個々のモジュールも，IPO の形を持つプロセスになっており，全ての業務・

1.3 商品企画七つ道具を用いて企画のプロセス保証を実現する 23

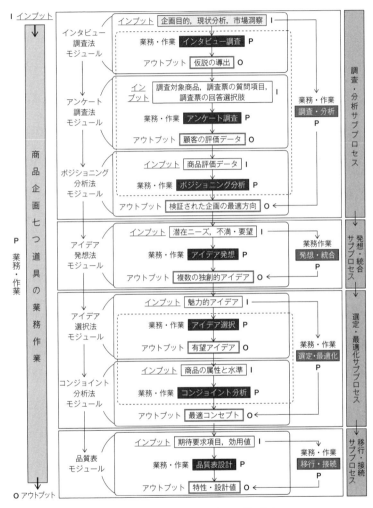

図 1.4 商品企画七つ道具の体系図

作業に入力されるインプットは，必ず前のプロセスから出力されるという明快な構造になっている．このことで，企画プロセスの可視化が行え，どこでどのようなことを行うべきか端的に理解できるとともに，アウトプットとして期待どおりのものが得られない場合には，"インプット"と"業務・作業"のいずれかに問題があると考え，見直しや改善が行えるので，節目管理やデザインレビューにも役立つ．つまり商品企画七つ道具は，企画のプロセス保証を確実なものにして，そのプロセスから導出される最終的な企画のアウトプットの質を確実なものにするのに役立つ．

さらに七つのモジュールを，目的及び内容の近さでまとめると，図1.4に示すように"調査・分析"，"発想・統合"，"選定・最適化"，"移行・接続"の四つのサブプロセスになる．この四つのサブプロセス間のインプット，アウトプットを確実なものにできるのであれば，全体として機能させることができるので，各サブプロセス内のモジュールを省略したり，組み替えたりすることができる．このことから，全てのモジュールを使用することを基本型としながらも，生産財企業，サービス業，中小企業における企画など，各利用場面に適した，簡略版，変形版の商品企画七つ道具を用いることもできる．

1.4 新商品の種類に応じた商品企画七つ道具の活用

企画する新商品の種類にはさまざまなものがある．例えば，市場に存在しない新商品，自社・自組織が開発したことのない新商品，

1.4 新商品の種類に応じた商品企画七つ道具の活用　　25

既存商品の次期新商品もあれば，B to C や B to B，大企業や中小企業など，一口に商品企画と言ってもさまざまな種類がある．

　商品企画七つ道具は，B to C における自社・自組織が開発したことのない新商品の企画を主な領域としている．ただし，1.3 節で説明したとおり，四つのサブプロセスをベースとして，モジュール・手法の組合せや順序を自由に変えることで，さまざまなジャンルの商品企画にも対応できる．

　例えば，生産財企業では，納入先の顧客に対して"インタビュー調査法"でニーズの検証を行い，そのニーズを満たすアイデアを"アイデア発想法"で創出し，"コンジョイント分析法"で最適コンセプトを選定して，"品質表"で品質表設計に進むという簡略版で商品企画七つ道具を活用できる（もちろん生産財企業でも，従来の七つのモジュールを用いて最終顧客のニーズを取り入れた商品企画を行ってもよい．）．またサービス業では，顧客との接点が多く近いため，ニーズを把握しやすい．そこで，そのニーズを満たすアイデアを"アイデア発想法"で創出し，有望アイデアを"アイデア選択法"で顧客評価し，更に顧客の評価を用いて"コンジョイント分析法"で最適コンセプトを選定するという簡略版で商品企画七つ道具を活用できる．

　上で述べた各新商品の種類に応じた商品企画七つ道具の用い方や事例を知りたい方は，参考文献 8) を参照するとよい．

　次の第 2 章では，商品企画七つ道具の各手法について解説する．また，第 5 章では商品企画七つ道具を"デジアナノートの商品企画"に適用した事例を示す．

第2章 商品企画七つ道具の各手法

(2.1) は じ め に

　本章ではメインとなる商品企画七つ道具の各手法を解説する．その際，商品企画七つ道具の各手法を商品企画プロセスのどのような場面で，どのように使用するのか，統一した事例の中で，わかりやすく学ぶことができるように，各手法の活用例を，第5章で説明する"デジアナノートの新商品企画"の例で示す．デジアナノートとは，スマートフォン（スマホ）対応の専用アプリで通常のノートを撮影し，ノート情報をデータ化することで，デジタル情報としてノートの管理・整理・共有・確認が行える"最新ノート"のことである．具体的な内容を知りたい場合は，先に第5章を参照されるとよい．

　なお，本章で解説する内容は，商品企画七つ道具において各手法を活用する手順や，"ここだけは押さえておきたい"という実務的な要点・勘所（注意点）である．そのため，各手法（例えば，アンケート調査法，品質表など）の一般的な内容や使い方については，各専門書を参照していただきたい．特に統計解析の理論面について知りたい方は，参考文献6)，9)の参照をお薦めする．

2.2 インタビュー調査法

2.2.1 インタビュー調査法の概要

インタビュー調査法とは，設定した市場・ターゲット顧客の有望性と魅力的な新商品コンセプト（仮説的な新商品アイデアを含む．）の方向性に関する仮説を定性的に検証するための情報収集・分析手法である．

具体的には，自社の商品を使用している顧客，又は新商品のターゲット顧客となる候補者から調査回答者（以下，回答者という．）を選定する．そしてその回答者と直接対面し，インタビュアーが，いろいろな情報提供を行いながら，発掘・構築した仮説に関する質問を行い，回答者の言葉で自由に意見や思いを発言してもらう．調査によって得られた言葉の意味や深層を抽出し，分析することで，主に"発掘・構築した仮説の検証""発掘・構築した仮説の具体化""新しい仮説の発見"ができる．

インタビュー調査法には，評価グリッド調査法とグループインタビュー調査法の2種類がある．評価グリッド調査の結果も踏まえて，調査仮説の深掘りができるように，グループインタビュー調査を後に行うほうが望ましい．

2.2.2 評価グリッド調査法の概要

評価グリッド調査法は，ターゲット顧客の商品選好の評価構造を抽出し，その評価構造をわかりやすく系統図（評価構造図と呼ぶ．）にまとめることのできる手法である．具体的には，インタビュアー

2.2 インタビュー調査法

が，回答者と1対1になり，仮説発掘法（第3章）やピラミッド型仮説構築法（第4章）によって導出した複数の商品サンプル（実物，カタログ，イラスト，説明文など）の中から二つずつ商品サンプルを回答者に提示する．そして全ての商品サンプルの組合せにつ

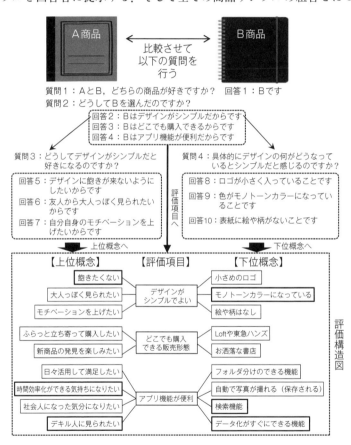

図 2.1 評価グリッド調査法の質問・回答の例と評価構造図への回答のまとめ方

いて，図 2.1 に示すようにどちらを好むか，その選好（ある商品に
ある効用を感じその商品を好むこと）の基準とした用語（評価項
目），その選好の基準とした用語の深層にある目的・願望（上位概
念），その選好の基準とした用語を実現するための具体化した要望
事項・条件（下位概念）を順次質問することで，商品選好の評価構
造を抽出し，評価構造図にまとめていくものである．

　評価グリッド調査法の利点は，回答者と 1 対 1 で，一定の評価
対象を一定の質問方式で評価してもらうため，調査の時間や場所の
制約が少ないこと，インタビュアーの技能・手腕への依存度も低
く，誰が行ってもある程度安定した結果が期待できることである．

2.2.3　評価グリッド調査法の手順

　評価グリッド調査法の手順を表 2.1 と表 2.2 に示す．

　設計段階では，"有望市場""ターゲット顧客""競合対象商品"
"魅力的提供価値（仮説的な新商品アイデアを含む．）"等の情報を
もとに，調査目的を共有することから始める．評価アイテムを決
める際（Step 3）には，評価に悩む回答者は，7 商品（$_7C_2 = 21$ 通
り）の評価に 3 時間かかる場合もあり，回答者の負担を考慮する
必要がある．回答者属性を尋ねる調査票（Step 5）は，回答者が設
定したターゲット顧客とどのような点で適合しているかが分析でき
る質問や回答選択肢にするとよい（図 2.2）．

　準備段階の回答者の募集（Step 7）では，回答者を幾つかの同質
的な回答者属性グループ（セグメントと呼ぶ．）に分けることを想
定しているのなら，30 名程度集めたほうがよい．幾つかのセグメ

2.2 インタビュー調査法 31

表 2.1 評価グリッド調査法の手順 1

流 れ		項 目	内 容
① 設計段階	Step 1	調査目的・内容を設定する	本調査で検証する内容・項目・手段を明確にして，担当者間で情報共有する
	Step 2	インタビュアー・監督者，場所を選定する	・インタビュアーは何人で行うか，誰が行うかを決める ・監督者は何人で行うか，誰が行うかを決める ・インタビューをどこで行うか決める
	Step 3	評価アイテムを選定する	調査したい商品，仮説発掘法から導出したアイデア，ピラミッド型仮説構築法から導出した商品などから，5〜7アイテムを選定する
	Step 4	評価させるアイテムの順番を決める	評価させるアイテムの順番を，回答者ごとにランダム化する
	Step 5	回答者属性に関する調査票を作成する	ターゲット顧客との適合度を検証するための，顧客属性（ライフスタイル・価値観・情報収集源等）を尋ねる調査票を作成する
	Step 6	インタビューマニュアルを作成する	・インタビューの流れを作成する ・商品特性について，共通的に説明できる文章を作成する
② 準備段階	Step 7	回答者を募集する	調査会社や自社モニターを活用して，設定したターゲット顧客に該当する回答者を 20〜30 名程度集める
	Step 8	評価アイテム，場所・機材を準備する	・評価アイテムに選定した商品は実物を用意する ・実物が用意できない，又はアイデアを評価させる場合は，評価アイテムとして提示する資料を作成し，用意する ・他の回答者やその発言が影響しないように，インタビュースペースを適切に考慮して，机や機材等をセッティングする
	Step 9	予行練習を行う	・インタビューマニュアルに沿って，各評価アイテムが適切に評価できるか，チェックを行う ・想定外のことやヌケ・モレがあった場合は，マニュアルや評価アイテムとして提示する資料の修正を行う

32   第 2 章   商品企画七つ道具の各手法

表 2.2 評価グリッド調査法の手順 2

流　れ		項　目	内　容
③ 実施段階	Step 10	回答者の誘導・説明	各回答者を調査会場，インタビュースペースに誘導する
	Step 11	インタビュアーがインタビューを実施する	・図 2.1 に示す質問を，全評価アイテムの組み合わせ分行う ・回答者の回答を，インタビュアーが記録用紙に記録する ・回答者から質問を受けた場合は，マニュアルに沿って適切に回答する
	Step 12	監督者がインタビュー状況を管理する	インタビューが適切に進行するように，監督者が管理する
④ 分析・検証段階	Step 13	インタビューで得られた情報の整理・分析を行う	・調査で得られた回答者属性のデータ（図 2.2）を，図 2.3 に示すライフスタイルセグメンテーション分析を行い，各回答者の特徴を把握し，各セグメントに分ける ・調査で得られたインタビューデータを，セグメント別（又は回答者別）に図 2.1 に示す評価構造図にまとめ，これらを統合して，図 2.4 に示す全体の評価構造図を作成する
	Step 14	担当者間でディスカッションを行い，考察と仮説の検証を行う	分析結果をもとに， ・狙いとしたターゲット顧客の適正を検証する ・選好基準用語の検証と抽出を行う ・選好評価構造の抽出を行う ・セグメントごとの選好評価構造の抽出を行う
	Step 15	次の企画プロセスを考えてアウトプットを明示する	本調査結果の中から，グループインタビュー調査で更なる深掘りが必要なものと，アンケート調査に活用するものを明確にする

2.2 インタビュー調査法

```
Q1. あなたは休日や暇なときに何をすることが多いですか？（○は幾つでも）
  1. 友人と会う  2. スポーツ  3. スポーツ観戦    4. クラブ・サークル活動
  5. 映画鑑賞   6. 音楽鑑賞  7. ネットショッピング  8. 家族と出かける
                        ⋮
Q2. あなたの性格に当てはまるものは何ですか？（○は幾つでも）
  1. 日常的に気軽に使えるものを選ぶほうだ  2. 優柔不断       3. 保守的
  4. みんなに人気のあるものを選ぶほうだ    5. 他人の目を気にする  6. 社交的
  7. カタログを重視して選ぶほうだ          8. くよくよ悩む     9. 個性的
                        ⋮
Q3. あなたは普段どのようにして，購入候補の商品情報を収集していますか？
   （○は幾つでも）
                        ⋮
```

図 2.2 顧客属性を尋ねる調査票の例（デジアナノートの例）

ントに分けておくと，セグメントごとの評価構造図を作成すること
ができ，評価構造を詳細に分析することができる．評価アイテムを
資料として提示する場合は，見栄えももちろんであるが，調査仮説
とした魅力的提供価値が評価できる内容を掲載する必要がある．

　分析・検証段階では，多く回答のあった評価項目や上・下位概念
があまり回答されていない評価項目については，グループインタ
ビュー調査で，再度の検証や深掘りを行うとよい．

2.2.4　グループインタビュー調査法の概要

　グループインタビュー調査法は，他者の意見を聞いた上での選好
基準用語の導出，選好基準用語の上・下位概念の深掘りができる手
法である．また，相乗効果による，想定していなかった選好基準用
語やターゲット顧客の行動的特徴等の新たな仮説の発見が期待でき

34　第2章　商品企画七つ道具の各手法

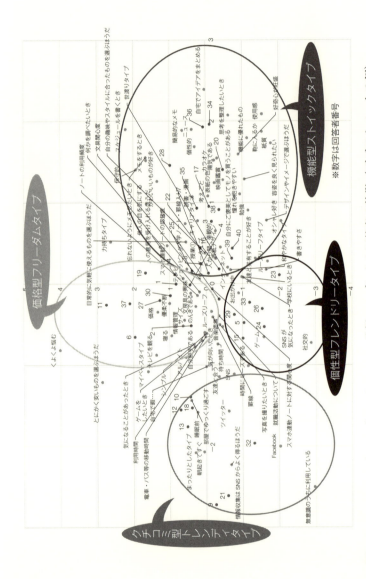

図 2.3　ライフスタイルセグメンテーション分析マップによる回答者の特徴（デジアナノートの例）

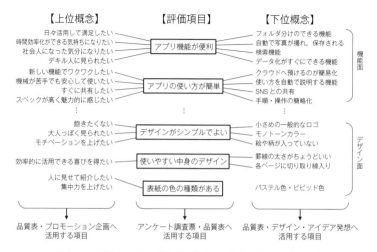

図 2.4 回答者全体の評価構造図（デジアナノートの例）

る手法でもある．

具体的には，通常一人のインタビュアーが，複数（4〜5 名）の回答者に対して，調査仮説をもとに事前に作成してきたインタビューフロー（どのような質問をどのような順番で行うのかを示した進行の流れ図）に沿って，調査仮説に関する話題提供・質問を行う．その話題・質問について，回答者間で具体的かつ深く議論してもらうことで，集団心理の影響も加味された"仮説の具体化"や"新しい仮説の発見"ができる．

2.2.5 グループインタビュー調査法の手順

グループインタビュー調査法の手順を表 2.3 と表 2.4 に示す．

設計段階では，"有望市場""ターゲット顧客""競合対象商品"

表 2.3　グループインタビュー調査法の手順 1

流 れ		項 目	内 容
①設計段階	Step 1	調査目的・内容を設定する	本調査で検証する内容・項目・手段を明確にして，担当者間で情報共有する
	Step 2	インタビュアー・監督者，回数，場所を選定する	・インタビュアーは何人で行うか，誰が行うかを決める ・監督者は何人で行うか，誰が行うかを決める ・グループインタビューを何回行うか決める ・インタビューをどこで行うか決める
	Step 3	インタビューフローを作成する	・インタビューの流れを作成する（図 2.5） ・話題提供となる各質問を作成する（図2.5）
	Step 4	回答者属性に関する調査票を作成する	ターゲット顧客との適合度を検証するための，顧客属性を尋ねる調査票を作成する
②準備段階	Step 5	回答者を募集する	調査会社や自社モニターを活用して，設定したターゲット顧客に該当する回答者5～6名を5グループ程度集める
	Step 6	テーマ商品，ターゲット顧客に関する情報を収集する	・テーマ商品について，さまざまな情報を収集し，話題提供できる資料を作成する ・テーマ商品の実物を幾つか用意する ・実物が用意できない，又は仮説的な新商品アイデアの場合は，提示する資料を作成し，用意する ・ターゲット顧客について，さまざまな情報を収集し，話題提供として提示できる資料を作成する
	Step 7	予行練習を行う	・インタビューフローに沿って，適切にインタビューが進行するか，チェックを行う ・想定外のことやヌケ・モレがあった場合は，インタビューフローの修正を行う

2.2 インタビュー調査法　　　　37

表 2.4 グループインタビュー調査法の手順 2

流れ		項目	内容
③実施段階	Step 8	回答者の誘導・説明	各回答者を調査会場，インタビュースペースに誘導する
	Step 9	インタビュアーがインタビューを実施する	・インタビュアーは話題提供を主として進行を誘導する ・インタビュアーは，回答者グループの外から会話を聴講する ・仮説に関連する話題については，深掘りをする質問を行う ・新仮説が話題に挙がった場合はいろいろな人に意見を求める
	Step 10	監督者がインタビュー状況を管理する	インタビューが適切に進行するように，監督者が管理する
④分析・検証段階	Step 11	インタビューで得られた情報の整理・分析を行う	・調査で得られた回答者属性のデータ（図2.2）を，図2.3に示すライフスタイルセグメンテーション分析を行い，各回答者の特徴を把握し，各セグメントに分ける ・調査で得られたインタビューデータを，図2.6に示すようにセグメント別（又は回答者別）と全回答者に整理したまとめを作成する
	Step 12	担当者間でディスカッションを行い，考察と仮説の検証を行う	分析結果をもとに， ・狙いとした市場・ターゲット顧客の適正を検証する ・選好基準用語の検証と抽出を行う ・新たな仮説の導出を行う
	Step 13	次の企画プロセスを考えてアウトプットを明示する	・アンケート調査の回答者案を作成する ・アンケート調査票の構成・質問・回答選択肢案を作成する

"魅力的提供価値"等の情報と，評価グリッド調査の結果をもとに，調査目的を共有することから始める．インタビュアーの選定（Step 2）では，インタビュアーは喋り上手よりも聞き上手であることが重要である．また一人でインタビューを行うのが不安な場合は，インタビュアーを二人にし，交互に話題提供や質問を行うと落ち着いて進行できる．また，事前にインタビューフローを丹念に作成しておくと，大きな進行ミスは起きない．インタビューフローの一般的な様式はないが，図 2.5 に示すものを作成しておくとよい．グループインタビュー調査の回数は，テーマによっても異なるが，通常 5 グループ程度に行うと，構築した仮説の"検証や具体化"の目的は達成できる．

準備段階では，回答者の選定（Step 5）が調査の有効性に大きく影響するため，ターゲット顧客に該当することはもちろんであるが，インタビュー中に回答者間で言いたいことが議論できる関係性

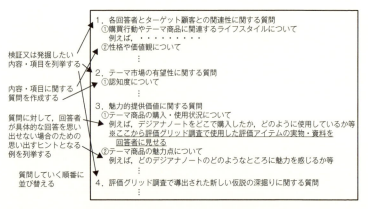

図 2.5 インタビューフロー作成様式の例

にあることが重要になる．また，予想外の新たな仮説を得るためには，いろいろな事前の情報収集と分析が必要になる．

実施段階では，事前に作成したインタビューフローを用いて，インタビュアーは話題提供に徹し，回答者間の議論を促す．そのためインタビュアーは，回答者の視界から外れた位置で会話を聴講し，各回答者の表情や動作も注視しながら，適切なタイミングで各回答者に意見を求めるようにするとよい．

分析・検証段階では，似たような意見についても，状況や場面が異なっていないかわかるように，図2.6に示す全回答者の発言まとめとは別に，個々の回答者の発言まとめも作成しておくとよい．各

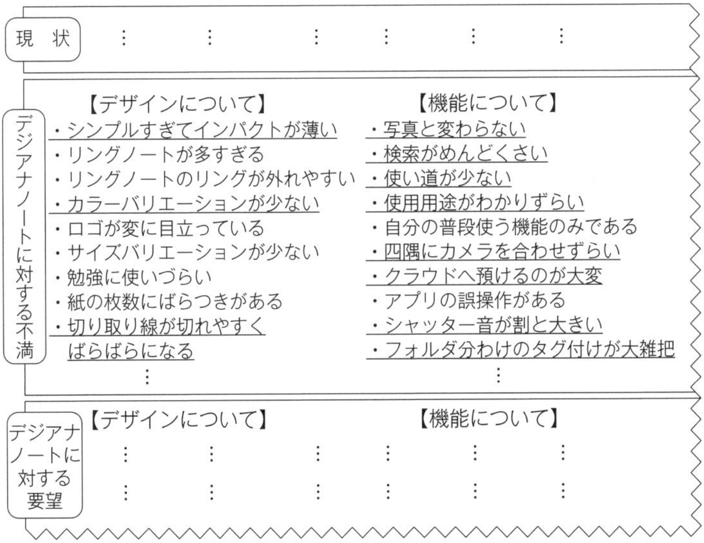

図2.6 グループインタビュー調査結果のまとめ
（デジアナノートの例）

調査仮説を検証する場合，次のアンケート調査で行う作業を想定して，回答者の選定，調査票の質問項目，回答選択肢の作成に役立つように，仮説を具体的に検証するとよい．

2.3 アンケート調査法

2.3.1 アンケート調査法の概要

アンケート調査法は，設定した市場・ターゲット顧客の有望性と魅力的な新商品コンセプトの方向性を定量的に検証し，有望な市場・ターゲット顧客と新商品コンセプトの方向性を明確にするための情報収集・分析手法である．

具体的には，設定したターゲット顧客の候補者，数百人程度に対して，調査側がインタビュー調査の結果を活用して作成した調査票を用いて情報を収集する．得られた定量データについて，回答者の選好要因や市場の競合関係を数量的な分析やモデル化によって統計的に調査仮説を検証し，設定した市場・ターゲット顧客の有望性を定量的に評価する．

アンケート調査法は，実際に幅広く使用されている手法であり，身近なところでさまざまな調査票にも多く接しているため，簡単に実施できるものと捉えている方が多い．ただ，アンケート調査法という一つの名称になっているが，次のようなさまざまな知識・技術の体系的な集合体になっているとともに，アンケート調査法を適用する対象である“商品企画における固有技術”[10] も必要になる．

・調査の設計方法（標本抽出法，調査の誤差，実験調査など）

- 調査票の作成方法（データの測定方法，データ分析手法など）
- 調査の実施方法[11]（インターネット調査，留置調査，会場調査など）
- データの統計処理方法（コーディング，統計学，統計ソフトなど）

2.3.2　アンケート調査法の手順

アンケート調査法の手順を表 2.5 と表 2.6 に示す．

設計・準備段階では，"有望市場""ターゲット顧客""競合対象商品""新商品コンセプトの方向性"等の情報をもとに，調査目的の共有から始まる．調査仮説を検証するためのデータ分析方法の選定（Step 2）では，複数のデータ分析手法によって，多面的に調査仮説の検証を導くように考えるのがよい．その際，選定したデータ分析手法を行うために必要な質問数と回答形式・回答数から調査票のボリュームを算出し，回答者の負担も考慮することが必要である．回答者の選定（Step 3）では，統計処理を推測統計まで行うのであれば，無作為抽出法を用いることが必要なため，標本抽出理論の専門書[12]を参照するとよい．調査人数の選定では，回答者をセグメントに分けて分析したい場合は，400〜500 名程度集めるとよい．調査票の作成（Step 4）では，アンケート本体，フェースシートの部分が，調査仮説の検証に大きく関わるため，次項で詳しく説明する．また完成した調査票は，複数人の担当者で細部まで点検するとともに，実際に複数人にテストし，調査票の不備や回答しづら

表2.5 アンケート調査法の手順1

流 れ		項 目	内 容
① 設計・準備段階	Step 1	前プロセスのアウトプットから，調査目的を設定する	前プロセスで導出された調査仮説をもとに，本プロセスで検証する内容・項目・手段を明確にして，担当者間で情報共有する
	Step 2	調査仮説を検証するためのデータ分析方法を選定する	・調査仮説ごとに，仮説の検証を導くのに適切な各分析手法を選定する ・その分析手法を用いるのに必要な調査票の質問項目と回答形式の枠組みを選定する（2.3.3項） ・優先度の高い仮説，質問数・回答数の総計から，回答者への負担も考慮して，適切な各分析手法を決定する
	Step 3	回答者，調査人数，調査期間，調査場所を選定する	・調査仮説を検証するのに適切な回答者を，インタビュー調査の結果を活用して選定する ・調査条件，仮説の内容などから，データ分析に使用する統計処理（記述統計，推測統計）に合致した，回答者の選択方法を選定する ・調査精度と費用・時間とのトレードオフ，データ分析を考慮して，調査目標人数を決定する ・いつ，何日間，どこで調査を行うか決定する
	Step 4	調査票を作成する	表2.7に示す一般的な注意点を考慮しながら，Step 2の内容を盛り込み，"前書き，アンケート本体，フェースシート，自由記入欄，謝辞"の構成で，回答しやすい調査票を作成する
	Step 5	調査の実施方法を選定する	インターネット調査，留置調査，郵送調査，会場調査など，調査目的・内容・条件を考慮して適切な実施方法を選定する
	Step 6	回答者を募集する	調査会社や自社モニターを活用して，設定したターゲット顧客に該当する回答者を200〜300名程度集める

2.3 アンケート調査法 43

表 2.6 アンケート調査法の手順 2

流　れ		項　目	内　容
② 実施段階	Step 7	調査を実施し，適切に管理する	精度の高いデータが収集されるように，決定した調査期間・場所・対象者・調査票で，適切に調査を実施・管理する
	Step 8	調査票を回収し，有効票の選別を行う	回収した調査票を複数人で点検し，不備のある無効票を取り除き，有効票に通し番号を付ける
	Step 9	調査票の回答をコーディングし，コンピュータソフトに回答結果を入力する	・収集された調査票の回答を，コンピュータソフトでデータ処理できるように，調査票の回答をコーディングする ・有効票の通し番号を回答者番号として，コーディング表のとおり，回答結果をコンピュータソフトに入力する（図 2.7）
	Step 10	データ入力処理の点検を行う	入力が完了したデータを用いて単純集計を行い，データ入力ミスがないか点検し，仮説検証に用いるデータベースを完成させる
③ 分析・検証段階	Step 11	アンケート調査で得られた情報の整理・分析を行う	・回答者属性のデータを用いて，単純集計（表 2.8）やライフスタイルセグメンテーション分析を行い，設定したターゲット顧客と回答者の適合度を把握する ・商品の認知度，興味関心度，購入度，好意度などのデータを用いて，集計や基本統計量（表 2.9）を求め，設定したターゲット顧客の有望性を把握する ・要因分析を行い，各商品の選好要因項目を導出する（表 2.10） ・ポジショニング分析を行い，選好要因から見た競合商品関係と新商品コンセプトの最適な方向性を導出する（図 2.10）
	Step 12	担当者間でディスカッションを行い，考察と仮説の検証を行う	分析結果をもとに， ・設定した市場とターゲット顧客の有望性を検証する ・選好要因項目の検証と抽出を行う ・競合関係構造の検証と抽出を行う ・新商品コンセプトの方向性の検証と抽出を行う
	Step 13	次の企画プロセスを考えてアウトプットを明示する	本調査の検証結果から，顧客の満たして欲しい顕在・潜在ニーズを明確化し，発想すべきアイデアの方向性を明示する

44   第2章　商品企画七つ道具の各手法

表2.7　調査票作成の一般的注意点

構成面	・質問に流れをもたせる ・見やすい文字の大きさにする ・強調したい箇所などは下線や囲みを用いる ・枝分かれの質問は，次の質問先への指示を矢印で表す ・イラストや画像，矢印を活用して，視覚に訴えるようにする
質問面	・用語は平易なものにする　　・回答者が記憶していない質問はしない ・質問数を多くしない　　　　・時間的条件の不明確な質問はしない ・質問文は長くしない　　　　・さまざまな解釈ができる質問はしない ・誘導的な質問をしない　　　・一つの質問で二つ以上のことを質問しない
回答面	・自由回答ばかりにしない ・回答記入例を示す ・回答方法や回答数を明確に表示する ・回答選択肢に重複を起こさない
順序面	・重要な質問は前半に行う ・プライベートに関する質問は後にする ・最初は答えやすく，興味のあるものから質問を並べる ・事実に関することを先に質問し，態度や意見に関することを後にする

［出典　神田範明編著（2000）：ヒットを生む商品企画七つ道具　よくわかる編，日科技連出版社，p.74］

回答者番号	性別	年代	購入重視点		…
			罫線	使用感	…
No.1	男性	20代	0	1	…
No.2	女性	10代	1	1	…
No.3	女性	10代	0	1	…
☒	☒	☒	☒	☒	

単一回答：性別・年代　複数回答：購入重視点

回答者番号	商品名	場所を問わず使用できそう	シンプルなデザインである	…
No.1	Z商品	5	3	…
	Y商品	3	5	…
	☒	☒	☒	…
No.2	Z商品	4	4	…
	☒	☒	☒	

段階評価式回答

※段階評価の点数化：5＝そう思う　4＝ややそう思う　3＝どちらも言えない　2＝あまりそう思わない　1＝そう思わない

図2.7　コーディングに基づいたデータ入力様式
（デジアナノートの例）

い箇所がないか，最終点検を行うのがよい．

実施段階の回答結果のコーディング（データ化）とデータ入力（Step 9）では，図 2.7 に示すように，有効票の通し番号を回答者番号とし，一人の回答者を横一列，一つの質問を縦一列に入力する様式が一般的である[13]．その際，回答のあった選択肢（又は選択肢番号）を入力するが，複数回答の質問では，各回答選択肢を質問項目とし，その選択肢に回答があれば 1，なければ 0 を入力する．回答形式が段階評価の質問では，定量データとして分析に用いるため，よいイメージに捉えられるほうを高い数字にして入力するとよい．また自由回答の結果も，単語や文節単位で区切りを入れて入力を行っておくと，さまざまな分析に使用できる．

分析・検証段階では，次項の四つの分析視点を基本にしながら，さまざまな視点から仮説検証に役立つ分析を行うとよい．

2.3.3　アンケート調査データの分析と調査票の関係

アンケート調査データをどのように分析するのかは，調査目的によってさまざま考えられるが，商品企画七つ道具の企画プロセスでの位置付けでは，図 2.8 に示す四つの分析視点を基本として考えるとよい．以下に四つの分析視点の概要を示す．

（1）設定したターゲット顧客と回答者との関連性分析

回答者を，設定したターゲット顧客の候補者と想定して，アンケート調査で得られたデータを調査仮説の検証に用いるため，まず，ターゲット顧客に適した回答者であったのか，その適合度を

分析する必要がある．このため，調査票のフェースシートに，ターゲット顧客との適合度を検証するための，顧客属性（ライフスタイル・価値観・情報収集源等）を尋ねる質問を用意するとよい．回答形式は，各ライフスタイル項目などの当てはまり具合を段階評価で回答させるものが一般的である．ただし，新商品コンセプトの導出に重点を置いた場合は，競合対象商品を選好評価する質問・回答数が多くなるため，フェースシートでは回答者の負担が軽減される複数回答形式が望ましい（図2.2）．よって，データ分析では，回答者の顧客属性の各項目（回答選択肢）を集計し，その比率からター

図2.8 アンケート調査データの四つの分析視点

2.3 アンケート調査法　　47

ゲット顧客との適合性を検証するとよい（表2.8）．さらに顧客属性の質問（図2.2）を，図2.3に示すライフスタイルセグメンテーション分析[14]（数量化Ⅲ類＋クラスター分析）し，幾つかのセグメントに分け，以下の（2）（3）（4）をセグメントごとに分析することで，きめ細かい顧客のニーズや価値観，ライフスタイルに対応した新商品開発に役立てることができる．

表2.8　回答者属性データの単純集計（デジアナノートの例）

質　　　問	回　答　結　果
あなたの性格に当てはまるもの何ですか？	"優柔不断" "他人の目を気にする" "日常的に使えるものを選ぶ" の回答が大多数
休日や暇なときは何をしていますか？	"友人に会う" の回答が大多数
⋮	⋮
デジアナノートの購入予算は？	"201～300円" の回答が大多数

（2）ターゲット顧客の有望性分析

次に，設定したターゲット顧客が，設定した市場でどの程度有望であるか分析する必要がある．このため，調査票のアンケート本体に，商品の認知度，興味関心度，購入度，好意度などを尋ねる質問を用意するとよい（図2.9）．回答形式は段階評価にし，分析では，集計とともに基本統計量（表2.9）も導出し，比率や平均値の値から設定したターゲット顧客の有望性を検証するとよい．

（3）ターゲット顧客（回答者）が知覚する各商品の選好要因分析

顧客の購入意向が高まる新商品コンセプトの方向性を導出するた

め，回答者が知覚する，競合品も含めたさまざまな商品の選好要因を分析する必要がある．要因分析とは，総合的にこの商品が好きとか購入したいとかの評価（目的変数と呼ばれる．）に商品特性（デザイン，機能，使いやすさなど）のどの特性評価（説明変数と呼ばれる．）がどのような重視度で影響するかを分析するものである．

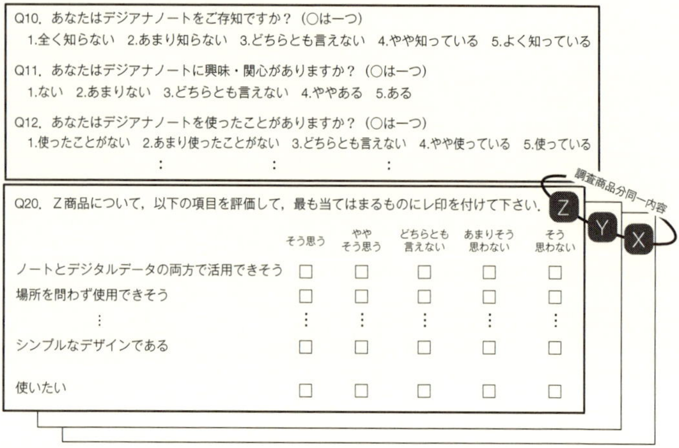

図 2.9 アンケート調査票の例（デジアナノートの例）

表 2.9 単純集計と基本統計量の例

	集　　計					基本統計量	
	そう思う	ややそう思う	どちらとも言えない	あまりそう思わない	そう思わない	平均値	標準偏差
商品認知度	79	237	135	38	14	3.66	0.922
商品興味関心度	61	198	174	53	15	3.47	0.915
商品購入意向度	42	95	214	100	49	2.96	0.900
商品好意度	129	204	109	47	11	3.79	0.941

2.3 アンケート調査法

このため，調査票のアンケート本体に，目的変数と説明変数を尋ねる質問が必要である（図 2.9）．説明変数は，インタビュー調査の結果（特に評価グリッド調査の評価構造図の評価項目）を活用して選定し，同一の説明変数と目的変数を，評価する商品の数だけ尋ねる．そのため，説明変数の数は，評価する商品の数（5〜7 アイテム）に対応して，10〜15 程度にするとよい．評価させる商品（仮説的なアイデアも含む．）は，できるだけ実物（又は実物が用意できない場合は，インタビュー調査で使用した商品説明資料）を用意し，評価させる順番を回答者ごとにランダム化しておくことが望ましい．

回答形式は，目的変数，説明変数とも，点数評価（10 点満点など）や段階評価（5 段階評価など）にし，データ分析では，重回帰分析（表 2.10）などの多変量解析を用いて，回帰係数や t 値の統計量の値から，回答者が知覚する選好要因を検証するとよい．回帰係数は，目的変数を総合的な選好評価（好き，購入したいなど），説明変数を各商品特性の評価とすると，総合的な選好評価に影響する各商品特性の重視度を表す統計量である．また t 値は，求めた回帰係数による重視度の安定性（母集団で回帰係数が 0 でないかど

表 2.10 重回帰分析の結果の例（デジアナノートの例）

	回帰係数	t 値	p 値	寄与率
シンプルなデザインである	0.17	9.06	0.00	
女性らしさを見いだせるデザインである	0.15	7.96	0.00	
見本等を触れたり試せたりできそう	0.14	6.92	0.00	71.0%
アプリの使い方が簡単そう	0.14	6.48	0.00	
定数項	0.26		—	

うか）まで考慮した統計量であり，絶対値が高い順に，重視度が高いと解釈できる．

（4）設定した市場の競合関係・有望性分析と顧客の購入意向が高まる新商品コンセプトの方向性分析

顧客の購入意向が高まる新商品コンセプトの方向性を検証するため，（3）の要因分析に加え，同一評価軸上での競合品の競合関係性と顧客の購入意向が高まる新商品コンセプトの方向性をポジショニング分析する必要がある[15]．

ポジショニング分析法は，P7の3番目の手法であるため，次節で詳しく説明するが，調査票のアンケート本体に，要因分析に使用する質問項目，回答形式が用意されていればポジショニング分析を行うことができる．また現在の競合関係は，従来の業界の枠を超えて，異業種とも競合関係になることが多く，幅広く競合品を捉え，評価させるとよい．さらに商品が複雑化・複合化しているため，選好要因（説明変数）を商品の物理特性だけで捉えるのではなく，心理的特性も含め，商品を提供するプロセス全体までも考えて捉える必要がある．

(2.4) ポジショニング分析法

2.4.1 ポジショニング分析法の概要

ポジショニング分析法は，設定した市場の競合関係・有望性と魅力的な新商品コンセプトの方向性を定量的に検証するための分析手

法である．

　具体的には，アンケート調査で収集した顧客の選好評価データの説明変数を因子分析[16]する．その因子分析から導出された幾つかの共通変数（因子）を横軸・縦軸，あるいはそれ以上の座標軸とした図に各商品（新アイデアも含む．）を位置付けた知覚マップを作成する．そしてこの知覚マップと選好評価データの目的変数の因果関係を選好回帰分析（重回帰分析）して導出した選好ベクトル（顧客の購入意向を高める方向を示す矢印）を，知覚マップに加えたポジショニングマップを作成する．このポジショニングマップを用いて，顧客の購入意向が高まる方向でのニッチな領域，競合関係を適切に把握し，自社の強みを発揮させる新商品コンセプトの道筋を導出することができる．

　魅力的な新商品コンセプトを企画するためには，顧客の購入意向が高まる方向性の把握とともに，その方向性にどのような競合商品がどのような位置関係になっているかについても，適切に把握しておくことが重要になる．

2.4.2　ポジショニング分析法の手順

　ポジショニング分析法の手順を表 2.11 と表 2.12 に示す．

　準備段階では，"顧客の選好評価データ"等の情報をもとに，分析目的・内容の共有から始まる．

　ポジショニングマップ作成段階の因子数の決定（Step 3）では，最終的にマップを用いて分析を行うので，基準を満たしていなくとも，三つの因子で打ち切る場合もある（4 因子以上なら図が超空

52　　　　　　第2章　商品企画七つ道具の各手法

表 2.11　ポジショニング分析法の手順 1

流れ		項目	内容
① 準備段階	Step 1	前プロセスのアウトプットから，分析目的・内容を設定する	前プロセスで収集された顧客の選好評価データをもとに，本プロセスでポジショニング分析する各商品，評価項目，回答者属性について，担当者間で情報共有する
	Step 2	回答者を層別し，ポジショニング分析する必要があるか，回答者の特徴を把握する	ターゲット顧客の有望性分析の結果をもとに，各セグメントに分けてポジショニング分析する必要があるか，各セグメントの特徴を把握する
② ポジショニングマップ作成段階	Step 3	因子分析を行い，固有値を求めて，因子数を決める	各共通因子の固有値の統計量を求め，各固有値の構成比率となる累積寄与率を計算し（表2.13），固有値1以上，累積寄与率70〜90%以上を目安に，これらの基準を総合的に満たす因子数を決定する
	Step 4	選定した因子数で導出した共通因子軸に意味解釈をする	選定した因子数での各共通因子の因子負荷量の統計量を求め，各共通因子で｜因子負荷量｜≧0.6程度の評価項目をまとめて，その共通因子の表す名前を決定する
	Step 5	各共通因子の因子得点を求め，各商品を共通因子軸に付置する	共通因子軸上での値となる因子得点を，全回答者分，各共通因子で求め，その因子得点を調査した商品ごとに平均値を求め（表2.14），その平均値を用いて知覚マップを作成する
	Step 6	選好ベクトルを求め，知覚マップに付置する	顧客の選好評価データを目的変数，各共通因子の因子得点を説明変数として選好回帰分析（表2.15）し，知覚マップの軸の重要度を，回帰係数から推定して，その相対的ウェイトを知覚マップに矢印（選好ベクトル）として付け加える（図2.10）
	Step 7	セグメントごとに選好ベクトルを求め，知覚マップに付置する	ターゲット顧客の有望性分析から，セグメントに分けて各セグメント顧客の購入意向が高まる方向性を導出したい場合は，Step 6を各セグメントのデータで行い，各セグメントの選好ベクトルを，全顧客の知覚マップに合わせて付け加える（図2.10）

間となり解釈が困難になる．）．共通因子軸の意味解釈（Step 4）では，語彙や直感を要するが，どうしても適切な軸名が決められない場合は，その因子負荷量の絶対値が最大の評価項目を軸名とすれば

2.4 ポジショニング分析法   53

表 2.12 ポジショニング分析法の手順 2

流 れ	項 目	内 容
③ 分析・検証段階 Step 8	ポジショニング分析で得られた情報の整理・分析を行う	・ターゲット顧客の購入意向が高まる方向性に，どの商品特性が，どの程度の重要度で影響しているかを分析する ・ターゲット顧客の購入意向が高まる方向に，ニッチな領域が存在しないか探索する ・ターゲット顧客の購入意向が高まる方向に，競合品が存在した場合，どの競合品が，どのような位置関係にあるかを分析する ・上記のことをセグメントごとに分析する
Step 9	担当者間でディスカッションを行い，考察と仮説の検証を行う	分析結果をもとに， ・設定した市場の有望性を検証する ・ターゲット顧客の購入意向が高まる方向性で，競合にも勝る新商品コンセプトの道筋を検証し，導出する
Step 10	次の企画プロセスを考えてアウトプットを明示する	本分析の検証結果から，顧客の満たして欲しい顕在・潜在ニーズを明確化し，発想すべきアイデアの方向性を明示する

よい．なお因子負荷量は，各評価項目と共通因子との相関係数であり，因子負荷量の大きさで，各共通因子がどの評価項目を表しているかがわかる（表 2.13）．相関係数は，二つの量的変数間の直線関係を数字で表した統計量であり，±0.8 以上を目安として相関関係が強いと判断すればよい（＋は増加，－は減少の直線関係を表す．）．選好ベクトルを求める（Step 6）では，選好回帰分析によって求まった各回帰係数を，共通因子の第 1 軸と第 2 軸，又は第 1 軸と第 3 軸の相対重視度（表 2.15 の場合は，因子 1：0.516/0.941 ＝0.55，因子 2：0.425/0.941＝0.45）に変換しておくと，図の解釈がしやすくなる．

分析・検証段階では，図 2.10 を用いると，顧客の購入意向が高まる方向は，"効率化機能＋シンプルデザイン"因子を 0.55，"心

表 2.13 固有値, 累積寄与率, 因子負荷量（デジアナノートの例）

変　数	効率化機能＋シンプルデザイン因子	心惹かれる広告・販売＋女性らしいデザイン因子	魅力的ネーミング因子	共通性
ノートとデジタルデータの両方で活用できそう	0.861	0.109	0.193	0.791
場所を問わず使用できそう	0.833	0.166	0.174	0.751
ノートを共有しやすい機能がありそう	0.842	0.223	0.121	0.774
アプリの使い方が簡単そう	0.621	0.307	0.297	0.569
興味や好奇心をわかせるネーミングである	0.318	0.318	0.760	0.779
愛称として挙げやすいネーミングである	0.260	0.407	0.760	0.811
活用シーンがわかりやすいプロモーションである	0.490	0.477	0.350	0.590
自分の好きな芸能人が出演している広告宣伝である	0.001	0.829	0.226	0.738
人目に触れやすいTVCMや街頭広告になっている	0.233	0.762	0.228	0.687
見本などを触れたり試せたりできそう	0.381	0.557	0.118	0.469
女性らしさを見いだせるデザインである	0.203	0.473	0.268	0.337
シンプルなデザインである	0.575	0.135	0.187	0.383
固有値	6.074	1.709	0.817	—
累積寄与率	0.506	0.649	0.717	

惹かれる広告＋販売・デザイン"因子を 0.45 の割合で重視した方向で，現在その方向には既存商品が存在せず，ニッチな領域があると解釈でき，狙いとした市場は有望であると検証できる．

　もし顧客の購入意向が高まる方向に競合品となる既存商品が存在した場合は，共通因子の第 1 軸と第 2 軸の選好ベクトルのより先の方向に新商品コンセプトを位置付けるか，別の共通因子の第 3 軸や第 4 軸の選好ベクトルの方向にある優位な領域で新商品コンセプトを位置付けるなど，自社の強み・魅力が発揮される位置付けを行うとよい．

　セグメントごとに選好ベクトルを導出した場合は，ニッチな領域を示す，又は自社の強み・魅力が発揮される方向を示す選好ベクト

表 2.14 商品別の平均因子得点（デジアナノートの例）

	効率化機能＋シンプルデザイン因子	心惹かれる広告・販売＋女性らしいデザイン因子	魅力的ネーミング因子
Z 商品	0.093	0.04	-0.133
Y 商品	-0.082	-0.112	-0.372
⋮	⋮	⋮	⋮
使用したい	0.55	0.45	―
	0.68	―	0.32

表 2.15 選好回帰分析（デジアナノートの例）

評価項目	回帰係数	t 値	寄与率
効率化機能＋シンプルデザイン因子	0.516	29.5[**]	
心惹かれる広告・販売＋女性らしいデザイン因子	0.425	22.8[**]	71.0%
魅力的ネーミング因子	0.240	12.6[**]	
定数項	3.342	―	

ルのセグメントを，より有望なターゲット顧客として設定するとよい．

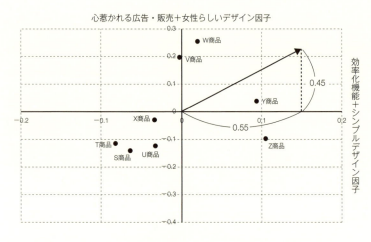

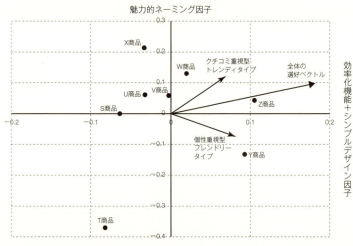

図 2.10 ポジショニングマップ（デジアナノートの例）

2.5 アイデア発想法

2.5.1 アイデア発想法の概要

アイデア発想法は，新商品コンセプトの具体的な有望アイデアを効率よく的確に，多数創出するための発想技法である．

具体的には，企画者が，前プロセスまでで検証した，設定したターゲット顧客，新商品コンセプトの方向性の情報をもとに，ターゲット顧客の満たして欲しい顕在・潜在ニーズを明確にする．そして各ニーズを実現する具体的なアイデアを創出するのに適した発想法を選択し，各発想法のやり方に従って，個人や集団で発想していくものである．

表 2.16　各発想法の特長と利点

発想法名	インプットニーズ	発想法種類	導出アイデア	発想形態
アナロジー発想法	常態化して仕方ないと思われている不満・要望	類似連想法	革新型	個人 or 集団
チェックリスト発想法	早急に解決して欲しいと思われている不満・要望	強制連想法	改良型	個人
シーズ発想法	現在の技術では解決が困難だと思われている不満・要望	類似連想法	応用型	個人 or 集団
焦点発想法	なかなか言葉では表せない要望	強制連想法	革新型	個人
ブレインライティング発想法	さまざまな顕在・潜在ニーズ	自由連想法	統合型完成型	集団

58　　　　　　第2章　商品企画七つ道具の各手法

アイデア発想法は，アナロジー発想法，チェックリスト発想法，シーズ発想法，焦点発想法，ブレインライティング発想法の5種類ある．それぞれ表2.16に示す特長や利点があり，適材適所で使い分けて使用すればよい．

2.5.2　アイデア発想法の手順

アイデア発想法の手順を表2.17に示す．

準備段階では，"ターゲット顧客""新商品コンセプトの方向性"の情報をもとに，これから行うアイデア発想についての情報共有から始まる．

顕在・潜在ニーズの明確化（Step 2）では，図2.11に示すように，ポジショニングマップの各共通因子を構成している元の評価項目と，要因分析での各評価項目の重視度を示したt値をともに示す．さらにインタビュー調査で収集した，各評価項目に関する具体的な要望・改善などをまとめた図を作成すると，新商品コンセプトのどのような要素に，顕在・潜在ニーズが存在しているか，把握しやすくなる．具体的な要望・改善などがインタビュー調査で得られている項目は顕在化したニーズであり，具体的な要望・改善などが得られていない項目は，顧客も具体的な要望を言葉にできない潜在ニーズの部分であると言える．また絶対値でt値の高い項目が選好要因として重視される項目であり，顕在・潜在ニーズとも，どの部分についてアイデアを発想すればよいか把握できる．

タウンウォッチングや雑誌などからインスパイヤを得る（Step 4）では，独創的な刺激や考える視点を得るのにとても役立ち，特

2.5 アイデア発想法　　59

に明確になった顕在・潜在ニーズを頭に思い描きながら，他分野や他領域のモノ・コトを見聞きすることで触発を受けることが多い．企画者各自で都合のつく日時に数回行い，刺激を受けた，又は印象

表 2.17 アイデア発想法の手順

流　れ		項　目	内　容
① 準備段階	Step 1	前プロセスのアウトプットから，アイデア発想の目的を設定する	前プロセスで導出されたターゲット顧客と新商品コンセプトの方向性をもとに，本プロセスで発想する内容・やり方・アイデア数・アイデアの質・納期を明確にして，担当者間で情報共有する
	Step 2	顕在・潜在ニーズを明確化する	図 2.11 に示すように，ポジショニング分析，要因分析，インタビュー調査の結果を整理し，顕在・潜在ニーズが，新商品コンセプトのどのような要素に存在しているか把握する
	Step 3	発想法の選択と発想するポイントを把握する	表 2.16 を活用しながら，各ニーズをインプットとして発想するのに適した発想法を選択し，その発想法を用いて，新商品コンセプトのどのような要素について発想するのか把握する
	Step 4	タウンウォッチングや雑誌などからインスパイアを得る	企画者各自で，タウンウォッチングを行ったり，雑誌を読んだりして，これから行うアイデア発想について，独創的な刺激や考える視点を得る
② 実施段階	Step 5	アイデアを発想する	企画者各自で，アナロジー発想法，焦点発想法，チェックリスト発想法，シーズ発想法（2.5.3 項）などを用いて，発想を行う
	Step 6	アイデアの組合せや発展を行う	各自が発想してきたアイデアを持ち寄り，担当者間（集団）で，ブレインライティング発想法（2.5.3 項）を用いて，さまざまなアイデアを組み合わせたり，発展させたりして，具体的で，詳細なアイデアに仕上げていく
③ 考案段階	Step 7	担当者間でディスカッションを行い，有望アイデアのコンセプトシートを作成する	創出された各アイデアについて，担当者間でディスカッションを行い，有望アイデアをまとめ，図 2.12 に示すような有望アイデアのコンセプトシートを数枚作成する
	Step 8	次の企画プロセスを考えてアウトプットを明示する	アイデア発想から創出された有望アイデアを明確にし，アイデア評価，又はコンジョイント分析（コンセプトテスト）で調査しなければならない内容を明示する

60　第 2 章　商品企画七つ道具の各手法

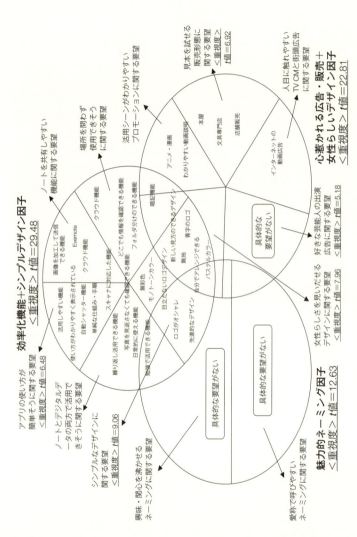

図 2.11　選好要因と顕在・潜在ニーズのまとめ（デザプアノートの例）

2.5 アイデア発想法

的な要素・観点をメモや写真に残し，アイデア発想時に役立てると
よい．

実施段階でのアイデアを発想する（Step 5）では，選択したアイデア発想法を用いて，企画者各自で，それぞれアイデアの出しやすい環境や日時に発想を行うとよい．ただし，計画どおりにアイデア発想が行われているか，プロジェクトの管理者は，各担当者から進捗状況の報告を得る必要がある．アイデア発想法の用い方が重要になるため，各アイデア発想法の使い方について，次項で詳しく説明する．アイデアの組合せや発展を行う（Step 6）では，各担当者が発想しているアイデアのレベルは，新商品コンセプトとしては抽象的な段階のものが多く，顧客に評価してもらうためには，具体的で詳細なレベルまでアイデアを仕上げる必要があり，ブレインライティング発想法を用いて，集団で効率よく，各アイデアを組み合わせたり，発展させたりするとよい．

考案段階では，アイデアの評価や選定は次のプロセスで顧客に行ってもらうという観点に立ち，ここでは各アイデアを有望アイデアに発展させる，まとめることに撤することが肝要である．さらに次のプロセスで，顧客にアイデアの価値を適切に理解してもらい，各アイデアが評価しやすいように，アイデアの価値を適切にイメージさせる，図2.12に示すような有望アイデアのコンセプトシートを何種類か作成するとよい．また，どの有望アイデアを，アイデア評価やコンセプトテストで調査するか，明確にしておく必要がある．

62　第2章　商品企画七つ道具の各手法

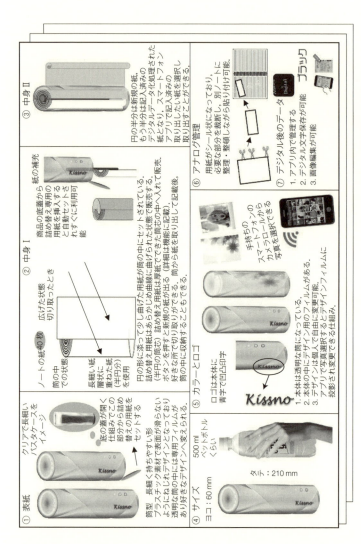

図 2.12　アイデアコンセプトシート（デジアナノートの例）

2.5.3 各アイデア発想法の概要

　アイデア発想法は，全て表形式になっており，各表頭に発想の手がかりや発想を促したりするキーワードが示され，左から右へ段階的に表頭の指示に従いながら，ニーズを実現するための課題や視点を整理したり，アイデア発想すべきポイントを列挙したり，絞ったり，具体的なアイデアに展開したり，組み合わせたりする発想のプロセスが定式化・手順化されている．そのため，誰もが容易に使用でき，システマティックにアイデアを創出することができる．さらに，発想プロセスの全てが表に残るため，思考のプロセスがチャート化でき，発想に加わっていない第三者にも，その発想プロセスを追跡して理解しやすく，また他のメンバーや管理者に，なぜこのようなアイデアを創出したのか，その根拠や有望性を図解して説明しやすい．以下に五つの発想法の概要を示す．

（1）アナロジー発想法

　アナロジー発想法は，表 2.18 に示すように，インタビュー調査・アンケート調査で検証された既存商品に対する常態化して仕方ないと思われている不満・要望を列挙し，その常態化を良くなるほうに逆設定する．そのことで，今までその不満の改善や要望の実現を行うことができなかった問題点を洗い出せ，その問題点をどのように解決させるかを類似分野（アナロジー）からヒントを得て，新商品のアイデアに展開していく手法である．アイデアの革新性を高めるためには，できるだけ異質な分野から多くのアナロジーを取り上げるとよい．

表 2.18 アナロジー発想シート（入浴剤の例）

常態化した不満・要望	逆設定	問題点	キーワード	アナロジー	アイデア
包装のゴミが出る	ゴミが出ない	包装できない	包装を溶かす	オブラート	お湯に入れると包装がオブラートのように溶け，入浴剤が出てくる
お湯をかき混ぜる	お湯をかき混ぜない	溶けた入浴剤が偏る	入浴剤が動く	ルンバ	お湯に入れると入浴剤が四方八方に動く
⋮	⋮	⋮	⋮	⋮	⋮
浴槽が汚れる	浴槽が汚れない	着色や成分に制限ができる	純度の高い無色透明にする	天然水	湧き水のような澄んだお湯になる入浴剤

（2）チェックリスト発想法

　チェックリスト発想法は，インタビュー調査・アンケート調査で検証された既存商品に対する早急に解決して欲しいと思われている不満や要望を列挙する．そしてそれらのニーズに対応したアイデアを考えるのに適した発想の視点を，表 2.19 に示す 9 分類された発想のチェックリストと変換項目から選定し，その不満の改善や要望が実現されるように，各変換項目に従って，商品特性や提供価値を変換し，新商品のアイデアに展開していく手法である．チェックリスト発想法は，A. F. Osborn（オズボーン）[17] が開発したチェックリストを商品企画向けに改良したものであり，とても手軽に，アイデアを多面的な角度から考えることができる．また変換項目は，発想者がアレンジしたり，作り出しても構わない．

2.5 アイデア発想法

表 2.19 チェックリスト発想法シート（デジアナノートの例）

不満・要望	チェックリスト ① 他への転用は ② 他への応用は ③ 変更したら ④ 拡大したら ⑤ 縮小したら ⑥ 代用したら ⑦ 再配列したら ⑧ 逆にしたら ⑨ 結合したら	変換項目	アイデア
何度も使いたい	再配列したら	もう一度使えるようにしたら	新しいノートを追加できる補充式にする
デジタル化をしなくなりそう	変更したら	今よりも簡単にできるように変更したら	読み取りではなく自動保存・自動デジタル化機能を追加する
⋮	⋮	⋮	⋮
普通のノートと販売場所を分けて欲しい	変更したら	販売場所を目立つように変更したら	オリジナルな販売場所にする

※変換項目の例
- ① 他への転用は：他に使い途はないか，そのままで新しい使い途はないか等
- ② 他への応用は：他にこれと似たものはないか，過去に似たものはないか等
- ③ 変更したら　：使い方を変えたら，さまざまな商品特性価値などを変更したら等
- ④ 拡大したら　：より強く・高く・長く・厚くしたら，高級にしたら，高機能にしたら等
- ⑤ 縮小したら　：より小さく・濃縮・低く・短く・軽くしたら，機能を絞ったり，分割したら等
- ⑥ 代用したら　：他の素材を代用したら，他の動力を代用したら，他の場所を代用したら等
- ⑦ 再配列したら：要素を取り換えたら，他のパターン・レイアウト・順序にしたら等
- ⑧ 逆にしたら　：ポジとネガを取り換えたら，前後上下を変えたら等
- ⑨ 結合させたら：ブレンドしたら，アンサンブルにしたら，何かをプラスしたら等

(3) シーズ発想法

シーズ発想法は，インタビュー調査・アンケート調査で検証された既存商品に対する現在の技術では解決が困難だと思われている不

満・要望を，自社の強みとする技術や独自の技術を活用して実現できるように，新商品のアイデアを創出する手法である．

具体的には，保有技術の属性をチェックリスト発想法の変換項目を活用して変換したり，既存商品と組み合わせることで発生するメリット・デメリットを，アナロジー発想法の手順で展開していく．このようにシーズ発想法は，チェックリスト発想法とアナロジー発想法を応用した手法のため，方法の詳細，手順，発想例などは参考文献 18）を参照していただきたい．

（4）焦点発想法

焦点発想法は，アイデアを出すテーマとは全く無関係のモノ・コト（焦点を当てる対象）について，その特性・要素・利点などを列挙し，各特性・要素の細部を取り上げたり，意味を変換したりする．そしてそれをインタビュー調査・アンケート調査で検証された既存商品に対するなかなか言葉では表せない要望に対応するように，強制的にテーマに関連するアイデアに連想していく手法である（表 2.20）．

焦点発想法は，できるだけテーマとは異なる対象を取り上げ，さまざまな視点から特性・要素を列挙するとよい．そのため，さまざまな視点から多くの特性・要素が列挙できるように，あらかじめ幾つかの対象の特性・要素についてリストを準備しておくとよい．

（5）ブレインライティング発想法

ブレインライティング発想法は，数名の発想者（できれば6名

2.5 アイデア発想法 67

表2.20 焦点発想法シート（デジアナノートの例）

焦点の対象	特性・要素	特性・要素の細部や意味変換	ニーズ	アイデア
蒸気機関車	もう見られない	形に捉れない	鞄にノートが沢山入っているとオシャレでない	見た目ではノートだとわからなくする
	写真撮影	収集する	アナログノートの所有を楽しくさせる	書いたアナログノートをコレクションできる
	映画	ショッピングモールにある	デジタル化にあまり価値を見いだせない	デジタル化機能に画像だけでなく映像化する機能を加える
	⋮	⋮	⋮	⋮
	オリジナリティがある	贈り物に喜ばれる	どれも同じで個性がない	世界に一つだけのオリジナルデザインにする

以上が望ましい.) が各自考えてきた異なる3タイプのアイデアを, 表2.21 に示す用紙の"1回目の欄"に記述する. この各用紙を別の発想者と交換し（図2.13), 交換した用紙に記入されているアイデアを読み解き, そのアイデアを発展させた, 又は具体的にしたアイデアを次の欄に5分以内で考え記述する. 5分経過したら, また別の発想者と用紙を交換し, 同じプロセスを順次繰り返し, 集団の創意工夫や相乗効果を加えながら, 具体的で詳細なアイデアに仕上げていく手法である.

通常, 会議などでアイデアを発展させたり, まとめたりしようとすると, 誰もが無言で意見が出なかったり, 声の大きい人や権限のある人の意見に左右されることが多いが, ブレインライティング発

表 2.21 ブレインライティング発想法シート (デジアナノートの例)

	1回目 Aさん	2回目 (B)さん	3回目 (C)	4回目 (D)	5回目 (E)	6回目 (F)さん
アイデア1	女性らしさと先進性を上手く融合させた表紙デザイン	パステルカラーで表紙の色が変化する	…	…	…	紫外線によって色が変わる表紙で、薄いパステルカラーで女性の優しさを表現する
アイデア2	女性らしさを連想しやすい、長細く持ちやすい本体デザイン	筒形で縦横でも利用しやすいスタイリッシュな形	…	…	…	少しねじりの入った筒の形にし、持ったときに滑らないような形にする
アイデア3	持ち運びがしやすく邪魔にならない用紙	ファイルのように分類でき、用紙を薄くする	…	…	…	補充式のノートでプラスチック付箋紙のようなmm単位の素材の用紙にする

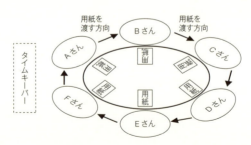

図 2.13 集団でのブレインライティング発想法のやり方

想法は，"紙に記述する，その紙を交換する，制限時間あり"という
ルールが，集団での発想や意見交換を活発化させてくれる．その
ため，6人の発想者で行うと，約30分で18個の具体的で詳細な
有望アイデアが導出できる．注意点としては，出発点のアイデアが
キーになるため，各発想者は（1）～（4）までの発想法を用いて，
幾つかの有望アイデアをしっかり創出しておくことが大切である．

2.6 アイデア選択法

2.6.1 アイデア選択法の概要

アイデア選択法は，コンジョイント分析法（コンセプトテスト）
で調査するアイデアの絞り込みを，顧客の評価によって客観的に行
うために用いられる．アイデア発想法によって導出された有望アイ
デアが，現存しない独創的なアイデアであればあるほど，自社・
自組織から反対される障壁の要因（開発時間・費用，技術課題，流
通・販売チャネルの新規開拓，マーケティング・コミュニケーショ
ン費用など）を多く含んだアイデアになっていることが多い．その
ため，このような有望アイデアは，顧客の最終評価を取り入れるコ
ンジョイント分析法で調査をする前に，企業側の都合を優先した選
択によって排除されることが多い．だからこそ，顧客の望む有望ア
イデアを，顧客の最終評価であるコンセプトテストで必ず調査でき
るようにするためには，アイデア選択の場面はとても重要であり，
アイデア選択法が必要なのである．

アイデア選択法は，"重み付け評価法""一対比較評価法（P7版

AHP：Analytic Hierarchy Process)"の2種類があり，一般的には重み付け評価法を用いる．

重み付け評価法は，前プロセスで導出された有望アイデアの中から，ターゲット顧客の評価が必要なアイデアについて，回答者に，ポジショニング分析で得られた共通因子を評価項目として評価してもらう．この評価点に，ポジショニング分析で得られた選好ベクトルの重視度をウェイト換算して総合点を出し，この総合点をもとにアイデアを客観的に選択する手法である．

一対比較評価法は，選好要因としてアンケート調査やポジショニング分析によって導出されていない評価項目を用いて，客観的なアイデア評価を行いたいときに用いる手法である．特に，主観的な選択になりがちな企業側の担当者が，技術的難易度・費用，流通・販売チャネルの問題，マーケティング・コミュニケーション費用などについてアイデア評価するときに向いている．ただし，評価項目や評価対象のアイデアが多い場合は，調査の質問数が多く，手間がかかることと，得られたデータの分析計算が複雑であるため，専用ソフトが必要になる．詳細については参考文献6) を参照していただきたい．

2.6.2　アイデア選択法の重み付け評価法の手順

アイデア選択法の重み付け評価法の手順を表2.22 に示す．

設計・準備段階では，有望アイデアをもとに，調査の目的・内容の共有から始まる．調査するアイデア群の選定（Step 2）では，自社・自組織内の反対・不安要素や心配事を含んだ有望アイデアは必

2.6 アイデア選択法

表 2.22 アイデア選択法の重み付け評価法の手順

流 れ		項 目	内 容
① 設計・準備段階	Step 1	前プロセスのアウトプットから，調査の目的・内容を設定する	前プロセスで導出された有望アイデア，共通因子，選好ベクトルの情報をもとに，本プロセスで調査する内容・やり方を明確にして，担当者間で情報共有する
	Step 2	調査するアイデア群を選定する	アイデア発想法から導出された多数の有望アイデアの中から，調査するアイデア群を 10 〜 15 程度選定する
	Step 3	評価対象アイデア群，評価項目に関する調査票を作成する	・評価対象アイデア群について，図 2.12 に示すアイデアコンセプトシートを作成する ・共通因子を評価項目とした図 2.14 に示す調査票を作成する
	Step 4	回答者属性に関する調査票を作成する	ターゲット顧客との適合度を検証するための，顧客属性を尋ねる調査票を作成する
	Step 5	回答者を募集する	調査会社や自社モニターを活用して，設定したターゲット顧客に該当する回答者を 30 〜 40 名程度集める
② 実施段階	Step 6	回答者を誘導し，調査内容を説明する	各回答者を調査会場・ブースに誘導し，調査の主旨や内容を説明する
	Step 7	アイデア評価を実施する	・時間をかけてアイデアコンセプトシートを見てもらい，評価するアイデアについて正確に理解してもらう ・回答者から質問を受けた場合は，適切に回答する ・調査票に基づいて，アイデアを評価してもらう ・各アイデアについて感じたことをインタビューする
③ 分析・選定段階	Step 8	調査で得られた評価点から総合点を算出する	評価対象アイデア群，評価項目ごとに，評価点の平均値を求め，各平均値に選好ベクトルの重視度をウェイト換算して総合点を算出する（表 2.23）
	Step 9	担当者間でディスカッションを行い，アイデアの選択を行う	総合点をもとに，評価した各アイデア群について，担当者間でディスカッションを行い，有望なアイデアを選定する
	Step 10	次の企画プロセスを考えてアウトプットを明示する	コンジョイント分析（コンセプトテスト）で調査する水準の候補を有望アイデアの中から明示する

ず調査するとよい．評価対象アイデア群や，評価項目に関する調査票の作成（Step 3）では，正確にアイデアの価値を回答者に理解させることが必要になるため，各アイデアをいかに現実に近いものとして回答者に伝える，又は提示するかということが問題になり，図 2.12 に示したようなアイデアコンセプトシートの作成精度も重要になる．そのため，アイデアを適切に表現できる試作品が作れるのであれば，試作品を用いたほうがよい．このように，各アイデアを現実に近いものとして回答者に的確に理解させるためには，幾つかのアイデアが集まったアイデア群（コンセプトに近い）という形態にすることが望ましく，アイデア選択法では"アイデアの評価"と呼ぶが，実態はアイデア群の評価を行っている．評価項目の調査票では，図 2.14 に示すように，ここでのアイデア評価とは，好きだとか購入したいという総合評価ではなく，各アイデア群が，新商品コンセプトの方向性を定めた位置に，どの程度適切に実現できているかについての顧客評価を行う．回答者の募集（Step 5）では，重要な

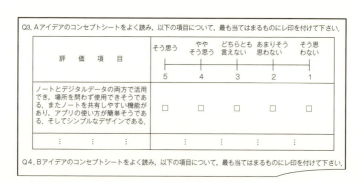

図 2.14 アイデア評価調査票（デジアナノートの例）

機密事項である新商品のアイデア評価調査であるため，多くの回答者を募集することにはリスクが伴い，慎重に行うことが必要である．

実施段階では，回答者にいろいろな対応ができ，正確にアイデアの価値を理解し，適切に評価してもうためには，1対1のインタビュー形式の調査で行うことが望ましい．また，1対1のインタビュー形式にしておくことで，回答者から各アイデアについての率直な意見がインタラクティブに得られる．

分析・選定段階では，表2.23に示す計算（Aアイデア群の総合点＝0.437×4.03＋0.360×4.96＋0.203×4.47）を行い，各アイデア群が，ターゲット顧客の購入意向が高まる方向性にどの程度実現できているのか，顧客の評価である総合点を用いて客観的に分析する．そしてアイデアの選択では，アイデアを捨てることによる誤りを犯すより，アイデアを採用することによる誤りを犯さないことに重点を置き，ターゲット顧客の求める基準が満たせているものは，できるだけ残すようにし，次プロセスのコンセプトテスト調査の結果で最終的な絞り込みの決定を行うとよい．

表2.23 アイデア評価の総合点計算

	効率化機能＋シンプルデザイン因子	心惹かれる広告・販売＋女性らしいデザイン因子	魅力的ネーミング因子	総合点
	ウェイト：0.437	ウェイト：0.360	ウェイト：0.203	
Aアイデア群	4.03	4.96	4.47	4.45
⋮	⋮	⋮	⋮	⋮
Jアイデア群	3.18	3.44	4.35	3.51

2.7 コンジョイント分析法

2.7.1 コンジョイント分析法の概要

コンジョイント分析法は，品質表の要求品質項目，要求品質重要度を，顧客の評価を取り入れた期待項目，期待項目重要度として作成できるように，価格やブランド価値も含めた最適な新商品コンセプトの具体案を選定する手法である．

具体的には，アイデア選択法によって選定された各有望アイデアと価格，ブランドを商品属性（商品の価値を決定する要因）の各水準（属性の具体的な設定値）に割り当てる．そして設定した属性についての水準の組合せパターンから，コンセプトテスト調査で回答者に評価してもらう幾つかの商品コンセプト（属性プロファイルカード）を作成する．その属性プロファイルカードについて，回答者に，総合評価としての選好の程度を評価してもらい，そのデータから商品コンセプトを構成する部分効用値（回答者がある商品を好き又は購入したいと感じたときに，回答者のニーズがその商品の各属性によって充足される度合い）を算出する．この部分効用値を用いて，各属性の重視度と自社にとってのターゲット顧客の選好が最も高まる水準の組合せをトレードオフ分析し，最適な新商品コンセプトの最終案を選定することができる．

コンジョイント分析法は，企画している新商品を特徴付けるコンセプトの主な要因，最適な水準の組合せに関する顧客の価値判断を導出できる．さらに，企画しているコンセプトのある水準をどの程度の価格と同等な価値と感じているかも導出でき，各コンセプトや

各回答者が品質志向，デザイン志向，価格志向などのどのような志向であるかを分析できる．また部分効用値を用いて計算することで，"価格換算した"機能・デザイン・ブランドなどの価値も導出できる利点がある．

2.7.2 コンジョイント分析法の手順

コンジョイント分析法の手順を表 2.24 と表 2.25 に示す．

設計・準備段階では，選定された有望アイデアをもとに，調査の目的・内容の共有から始まる．調査する属性と水準の決定（Step 2）では，価格の水準は，水準間の幅が極端に狭いと価格の影響が小さくなり，逆に幅が極端に広いと価格のみの影響になってしまうため，設定には注意が必要である．直交表を用いての属性プロファイルカードの作成（Step 3）では，主な統計ソフトでは，属性と水準を入力することで自動的に調査する一般的な水準の組合せが作成されるが，直交表の使い方をある程度学ぶと，さまざまな調査にも対応でき役立つため，次項で直交表の概要を説明する．提示する属性プロファイルカードは，正確にコンセプトの価値を回答者に理解させることが必要なため，試作品も含めた五感に伝わる属性プロファイルカードの作成が重要になる（図 2.15）．回答者属性に関する調査票（Step 5）では，アンケート調査で使用した質問項目，回答形式と統一するのが望ましい．回答者の募集（Step 6）は，重要な機密事項である最終の新商品コンセプトの評価調査であるため，多くの回答者を募集することにはリスクが伴い，慎重に行うことが必要である．

第2章　商品企画七つ道具の各手法

表 2.24　コンジョイント分析法の手順 1

流　れ	項　目	内　容
①設計・準備段階　Step 1	前プロセスのアウトプットから，調査の目的・内容を設定する	前プロセスまでで導出されたターゲット顧客，選好ベクトル，選定された有望アイデアをもとに，本プロセスで調査する内容・やり方を明確にして，担当者間で情報共有する
Step 2	調査する属性と水準を決める	・アイデア選択法によって選定された各有望アイデアから，属性を 8〜9 属性，水準を 2〜3 水準程度設定する（表 2.26） ・価格とブランドを属性に加える ・価格の水準は，アンケート調査結果を活用し，実現可能範囲で水準間の幅を設定する ・ブランドの水準は，自社ブランドとポジショニング分析で競合品と位置付けられたブランドを設定する．
Step 3	直交表を用いて，属性プロファイルカードを作成する	・設定した属性と水準を直交表に割り付けて，調査する属性と水準の組合せを決定する（2.7.3 項） ・決定した属性と水準の組合せから，調査に用いる各属性プロファイルカード（図 2.15）を作成する
Step 4	各属性プロファイルカードを評価する調査票を作成する	各属性プロファイルカードを評価する測定スケールを，順位法（好きな順位など），評点法（10 点満点など），評定尺度法（5 段階評価など）などから選定し，調査票を作成する
Step 5	回答者属性に関する調査票を作成する	ターゲット顧客との適合度を検証するための，顧客属性を尋ねる調査票を作成する
Step 6	回答者を募集する	調査会社や自社モニターを活用して，設定したターゲット顧客に該当する回答者を 50〜70 名程度集める
②実施段階　Step 7	回答者を誘導し，調査内容を説明する	各回答者を調査会場・ブースに誘導し，調査の主旨や内容を説明する
Step 8	コンセプトテスト調査を実施する	・時間をかけて属性プロファイルカードを見てもらい，評価するコンセプトについて正確に理解してもらう ・回答者から質問を受けた場合は，適切に回答する ・調査票に基づいて，各コンセプトを評価してもらう ・記入モレがないか確認し，有効票番号を記入する
Step 9	調査票の回答をコーディングし，コンピュータソフトに回答結果を入力する	収集された調査票の回答をコーディングし，有効票の通し番号を回答者番号として，コーディング表のとおり，回答結果をコンピュータソフトに入力する
Step 10	データ入力処理のチェックを行う	入力が完了したデータを用いて単純集計を行い，データ入力ミスがないかチェックし，コンジョイント分析に用いるデータを完成させる

2.7 コンジョイント分析法　　　77

表 2.25　コンジョイント分析法の手順 2

流　れ	項　目	内　容
③ 分析・選定段階	Step 11 コンセプトテスト調査で得られた情報の整理・分析を行う	・回答者属性のデータを用いて，2.3.3 項に示す分析を行い，設定したターゲット顧客との適合度を把握する ・コンジョイント分析を行い，各属性の重視度，最適水準の組合せを導出する（表 2.27） ・各属性プロファイルカード別の平均順位（又は得点）と予想順位を算出し，分析モデルの精度評価を行う（2.7.3 項） ・セグメントごとの分析が必要な場合は，セグメントごとにデータを分けてコンジョイント分析を行う
	Step 12 担当者間でディスカッションを行い，最終コンセプトを決定する	コンジョイント分析結果をもとに，価格換算した各属性の価値とブランド価値を導出し，トレードオフ分析も行い，自社にとって最適な新商品コンセプトを選定する（2.7.3 項）
	Step 13 次の企画プロセスを考えてアウトプットを明示する	最適な新商品コンセプトから，品質表作成で使用する期待項目，期待項目重要度を明確にする

　実施段階では，回答者にいろいろな対応ができ，正確にコンセプトの価値を理解し，適切に評価してもらうためには，1 対 1 のインタビュー形式の調査で行うことが望ましい．

　分析・選定段階では，表 2.27 を用いると，重視度の値から"ノート全体のデザイン"属性が最も選好に影響し，部分効用値からノート全体のデザインとして，"筒型のデザイン"水準が求められていることがわかる．また全ての属性は，価格の属性よりも効果の値が高く，企画した新商品を特徴付けるコンセプトは，価格に勝る魅力ポイントとなっていることがわかる．そして各属性の効用値の高い水準を組み合わせることで，全体効用値が最も高まる新商品コンセプトを導出できる．なお効果は，各水準間の最大効用値から最小効用値を引いた値で，重視度は，各効果を全属性の構成比率で示した

表 2.26　コンセプトテスト調査に使用する属性と水準
（デジアナノートの例）

属　性	水準 1	水準 2
ノート全体の デザイン	開閉型デザイン 〈ノートの操作↓〉 ・ノートを開く ・カテゴリー分け 　（チェック欄に 　チェック）	筒型デザイン〈ノートの操作↓〉 ・新規の紙を取り出す（蓋のボタンを 　押す） ・スキャンする（蓋のボタン操作） ・カテゴリー分け（筒本体のボタンを 　押す） ・紙を筒へ戻す（筒の淵をひねる）
ノートの素材	プラスチック	防水加工の布（シルク・リネン・麻）
⋮	⋮	⋮

　ものである．さらに，2.7.3 項で示すトレードオフ分析を行い，ブランド価値，価格も考慮して，自社にとって最適な新商品コンセプトを選定するとよい．

2.7.3　直交表とコンセプトテスト調査データの分析

　コンジョイント分析法は，商品（コンセプト）全体に対する選好の程度を尋ね，そこから商品を構成する各属性の個別効果を推定する分析方法になっている．そのため，推定したい各属性の各水準を全て組み合わせた幾つかのコンセプト提示が必要になるが，属性と水準の数が増加すると，例えば 6 属性で 2 水準の場合は，$2^6 = 64$ 種類のコンセプトについて選好評価することになり，回答者に対して現実的でない調査になってしまう．そこで，少ない組合せでのコンセプト評価でも，全ての組合せのコンセプトを評価したものと匹敵する結果が導出できるように考え出されたのが，直交表である．

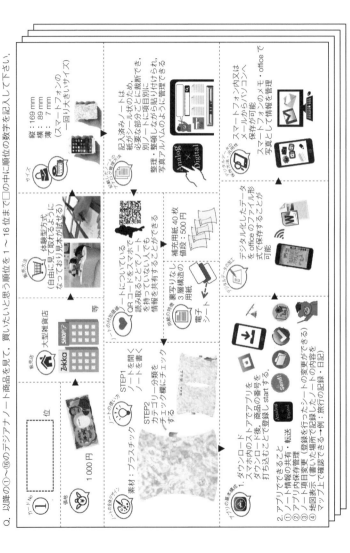

図 2.15 属性プロファイルカード(デジアナノートの例)

表 2.27 コンジョイント分析結果（デジアナノートの例）

属　性	水　準	部分効用値	効果	重視度
ノート全体のデザイン	開閉型デザイン	−1.225	2.45	28.9%
	筒型デザイン	1.225		
ノートのサイズ・厚さ	直径 5 cm　縦：210 mm　横：50 mm	0.375	0.75	8.8%
	直径 6 cm　縦：210 mm　横：60 mm	−0.375		
ノートの素材	プラスチック	−0.278	0.56	6.5%
	防水加工の布（シルク・リネン・麻）	0.278		
用紙の特徴	電子シート	−0.158	0.32	3.7%
	防水加工（プラスチック）	0.158		
ノートの付加要素	QR コードで友人と共有	−0.196	0.39	4.6%
	色彩変更 / カスタマイズ式	0.196		
補充用紙の枚数と値段	40 枚 500 円	0.121	0.24	2.9%
	30 枚 300 円	−0.121		
アプリの基本構成	スマホ内のストアでアプリをダウンロード	−0.517	1.03	12.2%
	本体ボタンを押すと自動でアプリが配信	0.517		
デジタルデータの加工	office ファイル化	−0.750	1.50	17.7%
	画像編集	0.750		
デジタルデータの保存・管理方法	スマートフォン内又はメールからパソコンへ保存	−0.288	0.58	6.8%
	アプリ内のみで保存を行う	0.288		
記載したノート用紙のアナログ管理方法	記入済みノートは紙がシール状	0.317	0.63	7.5%
	ノート本体に GPS 機能が搭載	−0.317		
販売方法	体験型方式	0.004	0.01	0.1%
	ディスプレイ方式	−0.004		
販売店	大型雑貨店	0.007	0.01	0.1%
	セレクトショップ	−0.007		
価　格	1 000 円	0.003	0.01	0.1%
	1 400 円	−0.003		

直交表とは，図 2.16 に示すように，どの列も同じ数字が公平に配置されており，列に属性を，数字を水準にして当てはめると，ある属性と他の属性のそれぞれの水準が，互いに同じ回数ずつバランスよく現れる（これを直交と呼ぶ.）組合せを導出させてくれる（6属性で 2 水準の場合は，8 種類のコンセプト評価でよい.）．なぜ，全ての組合せのコンセプトを評価しなくてもよいのかは，各専門書[19]に譲るとして，調査する属性プロファイルカードの組合せは，この直交表の列に左から順番に設定した属性を当てはめ（これを割り付けと呼ぶ.），行を属性プロファイルカードの番号，直交表にある 1 と 2 の数字を各属性の水準と読み解くことで導出できる．また表 2.28 に示すように，さまざまな属性数や水準数に対応した多くの直交表があり，その活用方法を学ぶとさまざまな調査にも応用できる．

コンジョイント分析の部分効用値を推定する方法は，データの種類によって，単調回帰分析法（順位データ），最小二乗法（評定尺

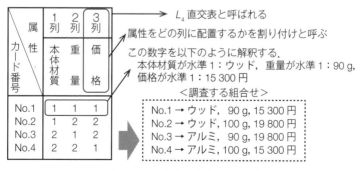

図 2.16 直交表や割り付けの例

表 2.28 各直交表と属性数，水準数の関係

直交表名		L_8		L_9					L_{16}						L_{18}							
使える属性の数	3～4水準の場合	0	1	0	1	2	3	4	0	1	2	3	4	5	0	1	2	3	4	5	6	7
	2水準の場合	7	4	4	3	2	1	0	15	12	9	6	3	0	8	7	6	5	4	3	2	1
回答者が評価するコンセプトの数		8種類		9種類					16種類						18種類							

［出典　神田範明（2013）：神田教授の商品企画ゼミナール，日科技連出版社，p.115 を一部修正］

度データ，評点データ）などがある．そして現在では，順位データも逆順位にしてそれを計量値データとして最小二乗法で解法することが一般的になり，目的変数を逆順位データ，説明変数を各属性データとして，数量化Ｉ類（重回帰分析含む．）で分析していることが多い．また実験計画法の知識があり，直交表に適切な割り付けが行われているのであれば，分散分析法で解法してもよい．

　なお，分析に用いたモデルの評価（調査データの選好度とこのモデルによって求められた選好度との適合度）は，通常は“ホールド・アウト・カード”によって求められる[20]．ホールド・アウト・カードは，属性プロファイルカードにはない水準を組み合わせたカードのことで，このカードも選好を回答者に評価してもらう．しかしコンジョイントモデルの導出には使用せずに，推定された部分効用値を用いてこのカードの全体効用値を算出し，回答者の選好評価と比較して，推定結果の整合性検証に使用する．ただし，ホールド・アウト・カードを用いると，回答者が評価するコンセプトの種類が2～3種類程度増加してしまうため，属性や水準の数が多い場

合は，分散分析法や数量化Ⅰ類におけるモデル式の寄与率の値でモデルの評価をするとよい．

トレードオフ分析では，図 2.17 に示すように，価格に換算した各属性の価値を導出し，例えば，自社の技術力や生産コストでは，顧客評価の最適水準である "本体材質がアルミで 15 300 円" が実現できない場合や，自社ブランド（P社の場合）が最適水準でないときに S 社が自社と同じコンセプトで追随してきた場合のことを考慮した，自社にとって最適な新商品コンセプトの選定を行うことができる．

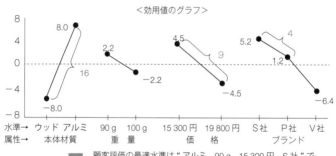

図 2.17 トレードオフ分析の例

$\boxed{2.8}$ 品 質 表

2.8.1 品質表の概要

品質表は，顧客が新商品の魅力ポイントとして期待していること（期待項目）を確実に設計の諸要素に盛り込み，その各期待項目をどの技術特性とどの程度の技術レベル（技術特性重要度）で実現すべきかを検討するための手法である．

具体的には，コンジョイント分析法で選定した新商品の最適なコンセプトを用いて，期待項目一覧表と各期待項目を現実化するための技術特性一覧表をマトリックス図（二元表）として作成する．そのマトリックス図に期待項目と技術特性の対応関係の強弱を記述する．その対応関係に，競合品の市場評価も加味した顧客の各期待項目重要度をウェイト換算して導出した技術特性重要度から，重要な技術特性とその技術レベルを導出できる．

品質保証を目的として作成される一般的な品質表との大きな違いは，期待項目に絞って技術的な特性に展開する点にある．また期待項目については，インタビュー調査からコンセプトテスト調査までのプロセスを用いて，階層的に具体的な期待項目を導出しているため，展開表を用いずに一覧表で表記できる．そのため，図 2.18 に示すように，コンパクトで作成に多くの時間を必要としない手軽なツールになっている．なお，顧客にとって当然のこととして求められている商品特性（要求品質）については，企画プロセスからバトンを受け取った開発者によって，品質表に作成する必要がある．

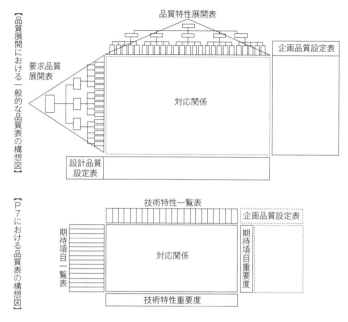

図 2.18 一般的な品質表と P7 の品質表の構想図の違い

2.8.2 品質表の手順

品質表の手順を表 2.29 に示す．

準備段階では，ターゲット顧客，新商品の最適なコンセプトの情報をもとに，品質表作成の目的・内容の共有から始まる．既存商品の品質表情報の収集（Step 2）では，長年のものづくりにおける蓄積によって構築された過去の品質表を収集しておくと，これから作成する品質表にも役立つ．

品質表作成段階の技術特性一覧表の作成（Step 4）では，具体

86　　　第 2 章　商品企画七つ道具の各手法

表 2.29　品質表の手順

流　れ		項　目	内　容
① 準備段階	Step 1	前プロセスのアウトプットから，品質表作成の目的・内容を設定する	前プロセスまでで導出されたターゲット顧客，コンジョイント分析結果の情報をもとに，本プロセスで品質表を作成する，内容，項目，やり方を明確にして，担当者間で情報共有する
	Step 2	既存商品の品質表の情報を収集する	前タイプなどの既存商品や類似商品の品質表から，要求品質展開表，技術特性展開表，要求品質重要度を収集する
② 品質表作成段階	Step 3	期待項目一覧表を作成する	コンジョイント分析で選定した最適水準をもとに，期待項目一覧表を作成する
	Step 4	技術特性一覧表を作成する	各期待項目を現実化するための技術的な特性を考えて，一覧表に作成する
	Step 5	二元表を作成する	期待項目一覧表と技術特性一覧表を，図 2.19 に示す二元表の形でマトリックス図に表し，図の各マス目の中に，期待項目と技術特性の対応関係を記述する
	Step 6	期待項目重要度を推定する	コンジョイント分析で導出された最適水準の効用値を，表 2.30 に示すように区分配分し，各期待項目重要度を点数化する（表 2.31）
	Step 7	技術特性重要度を算出する	・独立配点法：各マス目の得点に各期待項目重要度を乗算して導出した得点を各列方向に合計する ・比例配分法：各行方向で各記号の得点を合計し，各マス目の得点比率を算出し，その得点比率に各期待項目重要度を乗算して導出した得点を各列方向に合計する
③ 分析段階	Step 8	担当者間でディスカッションを行い，品質表で得られた情報の整理・分析を行う	・重点を置く技術特性を導出する ・その技術特性で実現が困難となる技術課題を導出する ・その技術課題の改善案・代替案を検討する ・顧客に調査が必要な技術特性を導出する
	Step 9	次の開発プロセス以降のことを考えて，アウトプットを明示する	品質表も含めた企画書を作成し，企画書承認会議でプレゼンテーションを行い，企画意図を正確に開発部門も含めた後工程に伝達・引き継ぎする

品質表（デジアナノートの例）

記号のウェイト：◎＝3、○＝2、△＝1

ポジショニング分析で選好ベクトルとの方向が同じ場合、このベクトルに強い点がある場合、この点に近い部分を改良するとよい

技術特性一覧表（上部ヘッダー）

技術特性
本体形状
本体重量
本体長さ
本体素材
本体機能性
本体デザイン性
デザイン柔軟性
用紙長さ
用紙素材
用紙加工性
用紙デザイン性
用紙排出性
用紙収納性
用紙スキャン性
アプリ起動性
アプリ操作性
アプリ機能性
データ保存性
データ加工性
データ検索性
データ転送性

期待項目（縦軸）と企画品質設定表

期待項目	期待項目重要度	自社レベル	Y商品	Z商品	W商品	V商品	アンケート調査選好比較項目
ノート本体の形状が筒型になっている	10	5	3	3	2	2	支持らしさを見せる
ノート本体の素材が布（シルク・リネン・綿）になっている	5						
ノート本体のデザインを変更できる	5	4	5	5	3	2	デザインそのものを活用できる
登録したデジタルデータを加工できる	8						
ノート用紙はシール状になっている	5						
ノート用紙は必要な部分ごとに裁断できる	5						
閉開時のノート本体の大きさが縦169 mm、横89 mm（厚さ7 mm、縦210 mm、横50 cm）	6	4	4	3	4		場所を問わず使用できる
ノート用紙が防水加工されている	6						
ノート本体ボタンを押すと自動でシートから紙が出る	4						
ノート用紙をノート本体に戻せる	10						
ノート本体ボタンを押すと自動でアプリが配信され起動する	10						
アプリから直接プリンター印刷できる	6	5	3	2	2	1	アプリの使い方が簡単である
アプリ内にデータが保存される	6						
アプリの検索機能で全てのデータにアクセスできる	5						
ノート本体にスキャナーが付いている	5						
ノート情報登録後ノート本体ボタンでカテゴリー分けができる	10	5	4	4	2	2	ノート情報を共有・編集する機能がある
アプリでノート情報の共有・転送ができる	6						

技術特性重要度（下部合計）

本体形状	本体重量	本体長さ	本体素材	本体機能性	本体デザイン性	デザイン柔軟性	用紙長さ	用紙素材	用紙加工性	用紙デザイン性	用紙排出性	用紙収納性	用紙スキャン性	アプリ起動性	アプリ操作性	アプリ機能性	データ保存性	データ加工性	データ検索性	データ転送性
171	89	111	50	202	208	118	55	82	42	131	140	135	82	70	100	61	24	42	54	

図2.19　品質表（デジアナノートの例）

な技術特性については，重要な技術特性になった場合に詳細に検討することとし，ここでは，期待項目を測定する尺度となりそうな技術要素を列挙するとよい．また開発者や設計者と一緒に協同して作成するとよい．二元表の作成（Step 5）では，図 2.19 に示すように，対応関係の強さによって"◎（必ず関係あり），○（関係あり），△（要検討）"の 3 段階の記号で示し，◎，○，△に対して，"3：2：1，5：3：1，4：2：1"などと数値化して用いるのが一般的である．

期待項目重要度の推定（Step 6）では，さまざまな点数化が考えられるが，重要なことは，具体的なコンセプトとして顧客が新商品の選好を評価した結果を用いることである．さらに効用値の区分もさまざま考えられるが，表 2.30 に示すように，最大効用値を 10

表 2.30　部分効用値と期待項目重要度の分類例

部分効用値区分	0〜0.18未満	0.18〜0.36未満	0.36〜0.54未満	0.54〜0.72未満	0.72〜0.90未満	0.90〜1.08未満	1.08〜
期待項目重要度	4	5	6	7	8	9	10

表 2.31　各期待項目重要度の推定（デジアナノートの例）

期待項目一覧表	部分効用値	期待項目重要度
ノート本体の形状が筒型になっている	1.225	10
ノート本体の素材が布（シルク・リネン・麻）になっている	0.278	5
ノート本体のデザインを変更できる	0.196	5
⋮	⋮	⋮

点とした等分割をお薦めする[13]．また，ポジショニング分析で選好ベクトルの方向に強い競合品が幾つか存在した場合は，企画品質設定表で比較分析を行い，現状の競合品の品質レベルも考慮して，推定した期待項目重要度を修正するとよい．比較分析は，図 2.19 に示すようにアンケート調査法で使用した各商品の選好評価（期待項目一覧表を期待項目の二次項目とした場合の一次項目として）で活用できる場合は，商品ごとの選好評価の平均値を用いて，各商品を 5 段階で評価するとよい．各期待項目について比較する場合は，競合品の現物やカタログなどを用意し，開発者と相談しながら，各商品を 5 段階で評価するとよい．

技術特性重要度の算出（Step 7）では，独立配点法と比例配分法があるが，それぞれメリット・デメリットがあるため，作成した二元表によって変換方法を検討する必要がある（図 2.19 では，重要な技術特性を明瞭にするため，独立配点法を用いている．）．

分析段階では，開発者や設計者と一緒に，重要となった技術特性について，開発プロセスの早い段階から，顧客の期待項目を実現する際のボトルネック（困難となる）技術を明確にし，技術課題の源流管理を行うことで，時間と費用をかけて行ってきた有望な企画を"企画倒れ"にさせないことが肝要である．そのため，企画の最終段階で企画者自らが，本当に製品化できるのか，開発・設計工程の主要なコントロールファクターについても確認をする細心が大切である．アウトプットの明示（Step 9）では，導出された最終の新商品コンセプトは，品質表のインプットだけでなく，デザイン開発，プロモーション戦略，販売・営業戦略などの源流情報となるため，

企画書や企画書承認会議などを通じて，後工程に企画側の企画意図を正確に伝達する必要がある．

2.8.3　品質表作成の重要な役割

品質表は，新商品を特徴付ける顧客の期待とその期待を実現するために必要な重要技術特性の関連性を1枚の表で可視化してくれる．

この表を作ること自体にも大きな価値は存在するが，それ以上に，品質表を作成する過程で，企画者，開発者，設計者が集まり，一緒に作業を行うことで，企画意図を正確に後工程に伝達できるだけでなく，企画者もそれぞれの現場の実状を知ることができる．

品質表作成ということをきっかけに早期から交流（企画のサイマル化）することで，前工程や後工程を考えた企画，開発，設計，生産が行われ，知の体系が更に連結したような新商品開発マネジメントが創造される．

第3章 市場環境の変化と商品企画七つ道具の進化−Neo P7 と仮説発掘法−

(3.1) は じ め に

　商品企画七つ道具（P7-2000）は，その誕生以降，多くの企業・団体により導入・実践され，さまざまな商品企画でその有効性が実証されてきた．しかし 2004 年に『顧客価値創造ハンドブック』[8]を刊行して以降，市場環境は，当時考えられていたスピードとは桁外れの速さで変化している．

　図 3.1 に示すように，インターネットの環境だけでなく，情報端末，コンテンツの普及・充実度の向上は計り知れず，さまざまな商品に関する情報発信・共有，コミュニケーション，購入，リコメンドなどは，消費者側で身近で簡単に，そしてリアルタイムに行えるようになった．また，バーチャルの Web 店舗やリアル店舗も，さまざまな進化や工夫を行い，消費者に対して買い物をより便利に楽しくさせる経験を与えている．

　このような市場環境では，商品の購入・使用・利用が，消費者間でやりとりされる，消費者側で作られ，一般化された商品イメージや企業・ブランドイメージの情報によって大きく左右されてしまう．さらに SNS では，商品の世界観（商品コンセプトの狙いと意図をターゲット顧客に合理的と直感的に理解させる解説文やイメー

92　第3章　市場環境の変化と商品企画七つ道具の進化

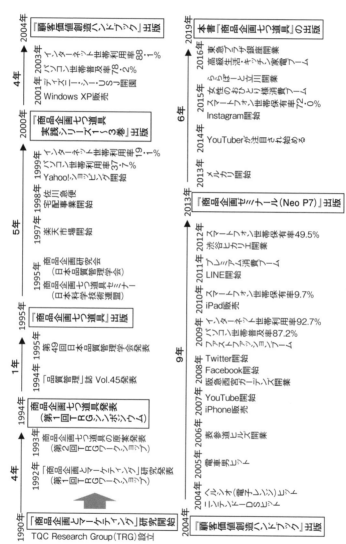

図3.1　商品企画七つ道具の進化と市場環境変化の概要

ジなど）に合致した複合的な価値が情報発信やコミュニケーションの重要なキーになっている[21].

このような市場環境の変化に伴って新商品企画も，もっと早い上流段階から"顧客ニーズ＝自社が提供する商品の狙い"となる有利な状況・状態を作れるように，消費者間でやりとりされる情報を有効活用して，有望な新商品コンセプトに関する仮説を発掘・構築することでプロセス保証の連鎖を増幅させていく必要が出てきた．さらに提供プロセスで，商品の世界観を複合的な価値として的確に実現していくためには，企画のアウトプットを，デザインや販売・プロモーション部門などに，確実に伝える必要性も出てきている．

そこで，商品企画七つ道具の生みの親である神田範明博士は，消費者の生活実態・対象商品の使用実態を，情報機器を用いて SNS 風に記録させ，効果的・効率よく顧客のリアルな観察情報や新商品の仮説的アイデアを収集・分析できる"仮説発掘法"を開発した．そしてこの手法を組み入れた新しい順序（①仮説発掘法→②アイデア発想法→③インタビュー調査法→④アンケート調査法→⑤ポジショニング分析法→⑥コンジョイント分析法→⑦品質表）で商品企画七つ道具を用いる"Neo P7"を提唱している[13]．本章では，Neo P7 の中の"仮説発掘法"について解説する．

(3.2) 仮説発掘法とは

仮説発掘法は，顧客の行動・考えをつぶさに観察・分析することで，今までにない仮説を掘り起こしていく手法である．通常の観察

調査法とは異なり，観察者の能力，調査時間・場所などによって結果が左右される部分を標準化することで，調査対象者自らが，各自の時間を有効活用して，生活実態・対象商品の使用実態を，情報機器を用いて随時記録でき，顧客の観察情報や新商品の仮説的アイデアを効果的・効率よく収集・分析できる手法である．そのため，観察調査法の技術や調査対象者とのコミュニケーション力に自信のない人や初心者にも実施しやすい手法である．

仮説発掘法は，"フォト日記調査法" と "仮説発掘アンケート調査法" の 2 手法からなっている [詳しくは参考文献 13），22）を参照．]．仮説発掘法は，ターゲット顧客と対象商品がある程度明確で，企画プロセスを短期間で回す必要があり，企画プロセスの初期段階から，多くの新しいアイデアや仮説を求めたい場合，企画経験豊富な熟練者・対象商品に用いる場合に有効である．

(3.3) フォト日記調査法

3.3.1 フォト日記調査法の概要

フォト日記調査法は，調査側が依頼した各回答者に，調査側が送付した図 3.2 に示すような専用の様式に，対象商品を使用したときの状況を中心にして（その他必要な 1 日のできごとも含め），ある一定期間，写真と文章でフォト日記（デジタル写真を取り入れた，各調査対象者の生活実態・対象商品の使用実態についての日記）をデジタルデータで作成してもらう．収集したフォト日記を，企画者が，図 3.3 に示すような統一された整理シートに集約し，"気づき"

をもとに対象商品についての顧客の使用背景，日常のあらゆる場面・人・モノとの関係の観点から，新商品の仮説となるアイデアを発想する．そして導出したアイデアをもとに，プロジェクトの担当者間で，各アイデアを組み合わせ，発展させたりする議論を行い，

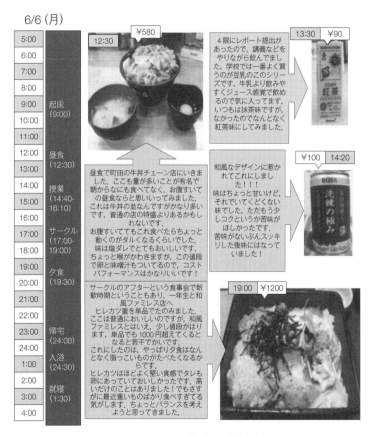

図 3.2 フォト日記の作成例（飲食品の例）

[出典　神田範明（2013）：神田教授の商品企画ゼミナール，日科技連出版社，p.38]

食事	内容	状況	気づき		アイデア
			気分・考え・願望	問題点など	
朝食	パン2個、牛乳、ヨーグルト、コーヒー	ひとり、クラシック音楽を聞きながら	・優雅な気分 ・おいしいパンを食べたい ・お腹をきれいに	・1人暮らし ・帰宅遅い⇒常に焼きたてパンを買えるわけではない ・スーパーのパンはまずい	①優雅なOLランチセット（きれいな包装、可愛いプレゼント付き）②極上焼きたてパンのランチ ③お腹をきれいに⇒美しくなれるヨーグルトランチ
昼食	おにぎり1個、サラダ、スープ春雨	多忙ゆえ仕事しながら（通常は外のレストランまたは弁当屋）	・デートのために節食でも楽しい！ ・昼～夜のカロリーバランスを心がける ・栄養を考え、サラダ必須	・仕事しながら机上で食べる⇒楽しくない、PCに危険 ・コンビニ弁当揚げ油っぽい、量が多い ・コンビニの（小さな）サラダ用ドレッシングはまずい	④多忙OLのスーパーランチ(1)⇒左手だけで食べられる中身充実の巻寿司 ⑤多忙OLのスーパーランチ(2)⇒リッチなドリンク&ランチ ⑥コンビニでサラダを主食に！⇒豆腐入りサラダメチャうまソース
夕食	フルコース（前菜～デザート）	都内レストラン	・デートの楽しい気分 ・眺めの良い高層ビル？ ・アート的な料理、おいしい ・良いサービス⇒お姫様気分	・食べ過ぎないよう気をつける	⑦お姫様ランチ⇒週に1度は優雅なランチを（ミニ前菜～ミニデザート入り。1000円～1200円）⑧デートにも使える、「彼氏と食べるお揃いLOVELOVEランチ」⇒愛情たっぷりの可愛いランチ

図3.3 フォト日記の整理シート（飲食品の例）

[出典 神田範明（2013）：神田教授の商品企画ゼミナール、日科技連出版社、p.39]

新商品の仮説を作り上げていくものである.

フォト日記調査法の利点は，SNSが浸透した時代に適した調査方法であり，効果的・効率よく，顧客の使用状況の場をリアルに知ることができることである．また，顧客の使用背景を文脈と画像から適切に把握することができ，直接的に顧客の潜在ニーズに気づきやすくなることである．

3.3.2 フォト日記調査法の手順

フォト日記調査法の手順を表3.1に示す.

計画・準備段階のフォト日記に記録する直接テーマに関係する内容（Step 2）では，単なる記録だけでなく，そのとき感じたことや意見も書いてもらうと役立つ．また，間接的にテーマに関連する内容では，直接テーマに関係する内容で記載されている感想や意見に，回答者のどのような価値観やライフスタイルが背景として関連しているかを分析できるようにしておくとよい．

実施段階では，回答者に大きな負担がかからずに調査目的が達成されるように，通常の生活として平日2〜3日間と，それ以外の生活として休日2日間程度を調査期間とするとよい.

表 3.1 フォト日記調査法の手順

流　れ		項　目	内　容
① 計画・準備段階	Step 1	調査対象者を決める	対象商品のユーザー，又はユーザーになり得る人に該当する回答者を 20 名程度決める．その際，情報機器を苦にせず，利活用できる回答者であると，より望ましい
	Step 2	フォト日記に記録してもらう内容を決める	"日時，直接テーマに関係する内容，間接的にテーマに関連する内容，写真"を必ず項目として入れる
	Step 3	フォト日記の標準様式を作成する	図 3.2 に示すような，記録してもらう内容の 1 日分が 1 ページに収まるファイルを作成する．ファイルは，回答者がよく使用するソフトで作成する
	Step 4	回答者属性に関する調査票を作成する	回答者属性を尋ねる調査票を作成する
② 実施段階	Step 5	調査関連物を各回答者に配付し，フォト日記の記録を実施してもらう	依頼文（調査の主旨，フォト日記作成の説明などを記載したもの），ファト日記ファイル，回答者属性調査票を回答者に送付し，調査を開始する．調査期間の中頃には，フォト日記作成の状況を回答者に確認し，作成上のわからないことや質問には，随時対応する
③ 分析・まとめ段階	Step 6	日記を回収して整理・分析を行う	回収したフォト日記を，企画者が図 3.3 に示すような統一的な整理シートに集約し，各内容についての回答者の気分・考え・願望・問題点などを，企画者が考えて，"気づき"として書き出す
	Step 7	日記から新商品のアイデアを創出する	新商品の仮説となるアイデアを，気づきをヒントに発想する
	Step 8	担当者間で議論を行い，仮説を導出する	作成した各整理シートを用いて，プロジェクトの担当者間で議論を行い，最終的な新商品の仮説を作成する

3.4 　仮説発掘アンケート調査法

3.4.1 　仮説発掘アンケート調査法の概要

　仮説発掘アンケート調査法は，調査側が依頼した各回答者に，調査側が送付した図 3.4 に示す仮説発掘アンケート調査票を用いて，対象商品について，新商品の仮説的なアイデアを発想してもらう．

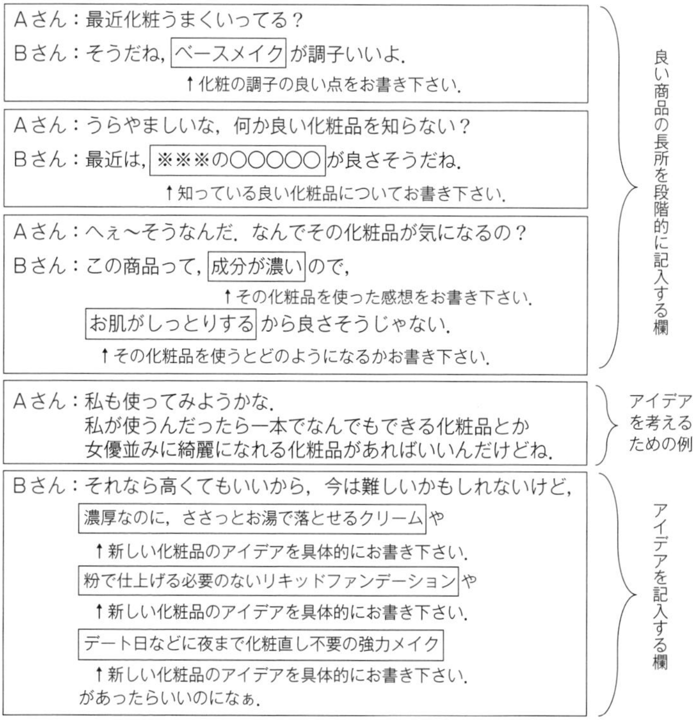

Aさん：最近化粧うまくいってる？
Bさん：そうだね，ベースメイク が調子いいよ．
　　　　　　　　　↑化粧の調子の良い点をお書き下さい．

Aさん：うらやましいな，何か良い化粧品を知らない？
Bさん：最近は，※※※の○○○○○ が良さそうだね．
　　　　　　　　　↑知っている良い化粧品についてお書き下さい．

Aさん：へぇ～そうなんだ．なんでその化粧品が気になるの？
Bさん：この商品って，成分が濃い ので，
　　　　　　　　　　↑その化粧品を使った感想をお書き下さい．
　　　　お肌がしっとりする から良さそうじゃない．
　　　　↑その化粧品を使うとどのようになるかお書き下さい．

良い商品の長所を段階的に記入する欄

Aさん：私も使ってみようかな．
　　　　私が使うんだったら一本でなんでもできる化粧品とか
　　　　女優並みに綺麗になれる化粧品があればいいんだけどね．

アイデアを考えるための例

Bさん：それなら高くてもいいから，今は難しいかもしれないけど，
　　　　濃厚なのに，ささっとお湯で落とせるクリーム や
　　　　　↑新しい化粧品のアイデアを具体的にお書き下さい．
　　　　粉で仕上げる必要のないリキッドファンデーション や
　　　　　↑新しい化粧品のアイデアを具体的にお書き下さい．
　　　　デート日などに夜まで化粧直し不要の強力メイク
　　　　　↑新しい化粧品のアイデアを具体的にお書き下さい．
　　　　があったらいいのになぁ．

アイデアを記入する欄

図 3.4 　仮説発掘アンケート調査票の例（化粧品の例）

［出典　神田範明（2013）：神田教授の商品企画ゼミナール，日科技連出版社，p.43 を一部修正］

100　　第3章　市場環境の変化と商品企画七つ道具の進化

この調査票で収集した多くのアイデアを，企画者が評価・選定する．そして選定したアイデアをプロジェクトの担当者間で，各アイデアを組み合わせ，発展させたりする議論を行い，新商品の仮説を作り上げていく手法である．

3.4.2　仮説発掘アンケート調査法の手順

仮説発掘アンケート調査法の手順を表 3.2 に示す．

計画・準備段階のアイデア評価担当者（Step 2）は，アイデアの有用さ，発展可能性を適切に評価できる人を選ぶのがよい．アンケート調査票の作成（Step 3）では，商品の良い点について新しいアイデアが発想されるように，良い点を段階的に理解させる欄を設ける．最後に，どの程度具体的なアイデアを発想すればよいかが理解できる適切な例を入れることが重要である．

分析・まとめ段階では，アイデア評価担当者間，又は評価項目間で，重視度が異なる場合は，ウェイトを設定して，重み付け平均を用いるとよい．

3.5　商品企画七つ道具（P7-2000）から見た仮説発掘法の位置付け

図 3.5 に，仮説発掘法と第2章で説明した商品企画七つ道具（P7-2000）の関係を示す．

仮説発掘法の重要なポイントは，顧客視点に立った多くのアイデアをインプットとして，"プロジェクトの担当者間での議論"が

3.5 仮説発掘法の位置付け

表 3.2 仮説発掘アンケート調査法の手順

流　れ	項　目	内　容
① 計画・準備段階	Step 1 調査対象者を決める	対象商品に興味・関心を持つユーザー，又はユーザーになり得る回答者を 20 名程度決める．その際，情報機器を苦にせず，利活用できる回答者であると，より望ましい
	Step 2 アイデア評価担当者を決定する	収集されたアイデアを読み込み，評価し，選定する担当者を決める
	Step 3 仮説発掘アンケート調査票を作成する	図 3.4 に示すように，会話文を読み進めていくうちに，新商品のアイデアについて考える観点を段階的に誘発し，回答者にアイデアを創出させやすくする調査票を作成する
② 実施段階	Step 4 調査関連物を各回答者に配付し，仮説発掘アンケート調査票に回答してもらう	依頼文，仮説発掘アンケート調査票を回答者に送付し，調査を開始する．作成上のわからないことや質問には，随時対応する
③ 分析・まとめ段階	Step 5 調査票を回収してアイデアの予備選抜を行う	回収した仮説発掘アンケート調査票から，アイデア評価担当者が，近未来でも実現が不可能なアイデア，ふざけたアイデア，公序良俗に反するアイデア，既存商品にあるアイデア，意味不明なアイデアを削除していく
	Step 6 アイデアの本評価を行い，アイデアを選定する	複数人のアイデア評価担当が，複数の評価項目を用いて，各アイデアを 1〜10 点などの点数評価し，平均点で高いものを 30 個程度選定する
	Step 7 担当者間で議論を行い，仮説を導出する	選定した 30 個程度のアイデアを用いて，プロジェクトの担当者間で議論を行い，最終的な新商品の仮説を作成する

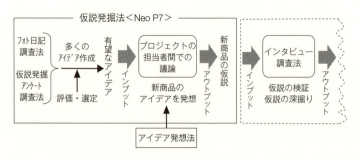

図 3.5 仮説発掘法を加えた Neo P7 の流れ

有効に機能し，有用な新商品の仮説がアウトプットされることである．そのためには，顧客の意見をベースとした多くのヒント（アイデア）が，インプットとして必要となる．調査対象者に独創的アイデアの創出はむりではないかと考える人がいるが，仮説発掘法で求めているアイデアとは，アウトプットとしての完成されたアイデアではなく，企画者が仮説を考えるためのヒントとなるインプットとしてのアイデアであり，これは，フォト日記調査法，仮説発掘アンケート調査法を用いることで，調査対象者にも十分創出は可能である．

また，アイデア評価担当者がアイデアを評価する際も，企画者が仮説を考えるためのヒントとして役立っているかどうか，企画担当者が気づきにくい，顧客の視点を取り入れた仮説発掘が活性化されているかどうかに重点をおくとよい（仮説が正しいかどうかは，仮説発掘法の後のプロセスで，インタビュー調査法とアンケート調査法を用いて，顧客評価をもとに質・量ともにしっかり検証できる．）．

したがって，フォト日記調査法で十分仮説発掘ができたのであれ

ば，更に仮説発掘アンケート調査法を使う必要はない．逆にヒントとなるインプットは得られたものの，担当者間での議論によるアイデア創出が良好に進行しないのであれば，この段階で"アイデア発想法"を用いるとよい．

第4章 ターゲット顧客や対象商品が不明確な場合への適用－ピラミッド型仮説構築法－

4.1 はじめに

第3章で説明した仮説発掘法は，ターゲット顧客と対象商品がある程度明確な場合，企画経験豊富な熟練者に用いる場合に有効な方法論である．しかし，ターゲット顧客や対象商品が明確でない場合，企画経験が少ない初心者・対象商品に用いる場合には適用が難しい．このような状況に対応するものとして筆者が開発したのが，"ピラミッド型仮説構築法"である[23]〜[25]．

ピラミッド型仮説構築法は，"①有望な市場，②有望な市場での競合商品，③有望な市場での有望なターゲット顧客，④有望なターゲット顧客が望む魅力的な提供価値"に関する仮説を体系的に構築する手法である．

具体的には，企画者が社内・外のさまざまな二次データ（他の目的のために収集された既存データ）の情報を収集し，分析フレームワークを用いてその情報を洞察分析（深く観察・思考してその本質や奥底にあるものを見抜くこと）し，その分析結果をもとに仮説の根拠となる幾つかの理由を，論理的思考法を用いて結論となる仮説へ積み上げていき，体系的に仮説を構築していく．そして"①有望市場洞察分析法，②競合対象商品調査法，③有望ターゲット顧客洞

察分析法, ④魅力的価値洞察分析法"の四つの手法を図 4.1 に示すように体系的に用いていく.

ピラミッド型仮説構築法の流れを図 4.1 に示す. この図では, 新商品コンセプトについて考えなければならない大切な三つの基盤 "有望市場の発見" "有望ターゲット顧客像の発見" "魅力的提供価値の発見"を, ピラミッドの三つの側面に配置してある. そしてピラミッドの下面を市場情報とし, 各三つの側面の目的を達成させるために必要なさまざまな市場情報を下面から抽出し (収集・洞察・分析し), その幾つかの結果 (仮説の根拠となる理由) を下から上に積み上げていくことで, 三つの基盤の仮説が構築され, 最終的に, 企画すべき有望な新商品コンセプトの仮説が頂上に完成することを示している.

ピラミッド型仮説構築法では, この流れの中で, 商品コンセプトを考える際の三つの基盤について, "①仮説をどのように構築していくかという道筋 (手順)"が示され, その道筋で必要な"②市場

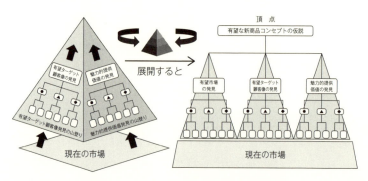

図 4.1 ピラミッド型仮説構築法の体系図

情報を活用するための道具（手法）" と "③幾つかの結果をどのように下から上に積み上げるかという思考法" が体系化されている.

　三つの基盤を "有望な市場の発見", "有望なターゲット顧客の発見", "魅力的な提供価値の発見" とした理由は, 企画する対象商品やターゲット顧客が仮説的にでもある程度具体的でないと, 商品企画七つ道具の出発点となるインタビュー調査の設計で, 何について意見や質問を尋ねるか, またそれを尋ねるのに適切な回答者は誰かについて, 勘に頼るか, 手当たり次第にインタビュー調査を行うことになってしまうからである. また, 有望市場を発見してから, その有望市場での有望ターゲット顧客を発見し, その有望ターゲット顧客が望む魅力的な提供価値を発見する流れに従うことで, 仮説が合理的に構築できる. このことは, P. Kotler（コトラー）教授が主張する "ビジネスチャンスが生まれる三つの状況" という考え方[26]からも説明できる.

　さらに, 図 4.2 に示すように, ピラミッドの残りの 4 面目に商品企画七つ道具を "有望コンセプトの創造" として当てはめることで, ピラミッドの頂点にある "有望な市場, 有望なターゲット顧客, 魅力的な提供価値" の仮説が, インタビュー調査法のインプットとして役立ち, より一貫性のあるプロセス保証の連鎖が完成することがよくわかる. また商品企画七つ道具の流れは, ピラミッドの頂点の仮説から下の市場に向かって, 各サブプロセスを下りることによって, 新商品コンセプトを具体的に創り上げていくという道筋もわかりやすく, ピラミッドの上に上がるほど, そこで扱われている内容は, 総合化された基本となる像（骨組み）を表すようにな

り，下に下るほど，詳細化された個別的な具体事項（枝葉や肉付けなど）を表すようになる特徴も生まれる．

このように，ピラミッド型仮説構築法は，商品企画七つ道具も含めた企画プロセスを一つのピラミッドとして表すことができ，しかも体系化した一つの理論として説明できる．本章では，このピラミッド型仮説構築法について解説する．

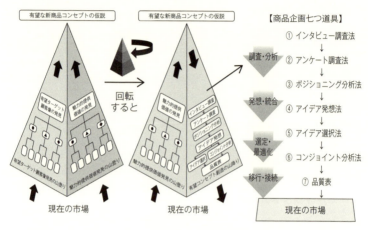

図 4.2 ピラミッド型仮説構築法と商品企画七つ道具との関係図

4.2 有望市場洞察分析法

4.2.1 有望市場洞察分析法の概要

有望市場洞察分析法とは，仮説となる有望なカテゴリー市場を帰納的に導出するための手法である．具体的には，企画担当者が，社内・外のさまざまな二次データの情報を用いて，対象商品の市場

について，商品の誕生・発展・細分化の経緯を時系列に調査する．そして類似する経緯をもとに市場を複数のカテゴリーに分類し，その各カテゴリー市場について，マクロ・ミクロ環境要因分析，SWOT 分析，購買行動プロセス分析を用いた洞察分析を行う．その結果を系統図にまとめ，論理的思考法を用いて，仮説となる有望なカテゴリー市場を導出する．

4.2.2　有望市場洞察分析法の手順

有望市場洞察分析法の手順を表 4.1 と表 4.2 に示す．

準備段階では，自社商品の関連情報をもとに，担当者間での分析目的・内容の共有から始まる．対象商品の市場形成史情報の収集（Step 2）では，歴史書を作るわけではないので，カテゴリー市場の分類に役立つ情報について収集するとよい．分類した各カテゴリー市場の情報収集（Step 4）では，この段階からマクロ・ミクロ環境要因分析，購買行動プロセス分析に必要な情報を意識して収集しておくとよい．

分析段階のマクロ・ミクロ環境要因分析（Step 5,6）では，客観的な視点に立ちながら，積極的にプラス要素を探すようにするとよい．SWOT 分析（Step 7）では，強みが多く発揮できるところを重点にし，ビジネスチャンスを捨てる誤りを犯さないように，できるだけあらゆる可能性を残しつつ，有望なカテゴリー市場を幾つか選定するとよい．購買行動プロセス分析（Step 8）では，選定した幾つかのカテゴリー市場について，消費者の視点に立ち，商品を購買するときだけでなく，購買行動に至るまでの各プロセスも捉え

110　第 4 章　ターゲット顧客や対象商品が不明確な場合への適用

表 4.1　有望市場洞察分析法の手順 1

流　れ	項　目	内　容
① 準備段階 Step 1	自社商品関連情報から，分析目的を設定する	対象商品の実物，カタログ，プロモーション資料，顧客満足度情報，売上げ関連情報などをもとに，本プロセスで分析する内容・やり方・アウトプットを明確にし，担当者間で情報共有する
① 準備段階 Step 2	対象商品の市場形成史情報を収集する	社内・外のさまざまな本，図鑑，雑誌，資料などから，対象商品の市場で，どのような商品がどのような経緯で，誕生・発展・細分化してきたのか，時系列に調べる
① 準備段階 Step 3	市場を複数のカテゴリーに分類する	先発ブランドとして誕生した商品と類似する商品も全てまとめて，市場を複数のカテゴリーに分類し，各カテゴリー市場の特徴を表す市場名を定義する（表 4.3）
① 準備段階 Step 4	分類した各カテゴリー市場の情報を収集する	各カテゴリー市場を誕生した順に並べ，時代背景や流行など，各カテゴリー市場に関連する情報を収集する
② 分析段階 Step 5	各市場についてマクロ環境要因分析を行う	以下の四つの視点について分析する（表 4.4） ・"政治方策，各種法律，各種規制" など，政治的・法律的環境要因について洞察分析する ・"景気，株価，金利，為替，インフレ・デフレ，貯蓄率" など，経済的環境要因について洞察分析する ・"総人口，年齢構成，価値観，社会規範，教育レベル，ライフスタイル" など，社会的環境要因について洞察分析する ・"インターネット，エレクトロニクス，バイオ，ナノテクノロジー，エコ対応" など，技術的環境要因について洞察分析する
② 分析段階 Step 6	各市場についてミクロ環境要因分析を行う	以下の三つの視点について分析する（表 4.5） ・顧客については，"どのような顧客層が存在するのか，規模，成長性" などを洞察分析する ・競合については，"どのような競合が存在するのか，競合数，激戦度" などを洞察分析する ・自社との関係については，"現在の製品ライフサイクルの位置付け，自社関連商品との関係" などを洞察分析する
② 分析段階 Step 7	各市場についてSWOT分析を行い有望な市場を選定する	マクロ・ミクロ環境要因分析の結果を SWOT 分析のフレームワーク（機会・脅威・強み・弱み）にまとめ直し（表 4.6），自社にとって強みが多い，又は弱みをカバーできる有望なカテゴリー市場を幾つか選定する
② 分析段階 Step 8	選定した市場について，購買行動プロセス分析を行う	SWOT 分析で選定した幾つかのカテゴリー市場について，消費者が商品を知り，破棄するまでのプロセスを，認知・注意（Attention），興味・関心（Interest），欲求（Desire），動機（Motive），行動（Action）という時系列に各段階を分けて，洞察分析を行う（表 4.7）

4.2 有望市場洞察分析法 111

表 4.2 有望市場洞察分析法の手順 2

流 れ	項 目	内 容
③ 仮説導出段階	Step 9	有望市場洞察分析法で得られた情報を整理して組み立てる	Step 5 ～ Step 8 までの結果を図 4.1 に示すような系統図にまとめ，有望カテゴリー市場を導出する論理的思考の枠組みを検討し，系統図を仕上げる
	Step 10	担当者間でディスカッションを行い有望市場を導出する	分析結果をもとに，有望なカテゴリー市場を論理的に導出する

て，有望であるか分析するとよい．

仮説導出段階（Step 9,10）では，論理的思考の枠組みを仕上げるために，系統図（図 4.3）の下段に列挙した理由から最上段の結論への導き方の妥当性と，理由の妥当性を検討するとよい．論理の飛躍があったり，理由の妥当性が欠けている場合には，Step 5 ～ Step 8 に戻り，情報収集と各分析を再度行うとよい．

表 4.3 ノート市場の形成史概要

市場名	形 成 年	誕生の経緯に関係したニーズ
上質紙市場	1947 年頃	筆記にストレスを感じたくない
高級系市場	1951 年頃	上質な書き心地とデザインにこだわりたい
低価格市場	1959 年頃	頻繁に使うため，安く手軽に購入したい
デザイン性堪能市場	1960 年頃	クリエイティブで一味違うものが欲しい
携帯性堪能市場	1980 年頃	手荷物を減らしたい
機能性堪能市場	1997 年頃	常にノートを活用したい
デジアナ市場	2011 年頃	情報やノートを整理したい

112 第4章 ターゲット顧客や対象商品が不明確な場合への適用

表4.4 ノート市場のマクロ環境要因分析（網掛けはマイナス要因）

市場	政治的要因	経済的要因	社会的要因	技術的要因
上質紙市場	経済産業省の行う3R政策によって，上質紙に対するマイナスイメージが生まれてしまう	上質紙が高価格であるため，ノートも高価格な商品が多い	自分の好きな手触りや感触をノートに求める人が増えた	コーティングをしていない化学パルプだけで製造する技術がある
高級系市場	アベノミクスの効果でも，日常消費財は厳しい状況にある	・高額商品にも価値を求めるようになってきた ・他の市場の商品に比べて値段が高い	・プチ贅沢志向の拡大 ・少し高くてもそれ以上の価値のあるモノを求める消費者が拡大している ・消費意欲が良い方向に表れている	一部の商品で製本の仕方による特殊な技術が存在する
⋮	⋮	⋮	⋮	⋮
デジアナ市場	国のIT政策によって，デジタルアーカイブ化の取り組みが促進されている	・価格は高いが，ノートのデジタル化，軽量化，共有化によるコストパフォーマンス評価ではよい ・高額商品にも価値を求めるようになってきた	・スマホ普及率の増加 ・スマホを用いて勉強するスタイルが，一般化してきている ・アプリツールでのノート共有を行う人が増加している	・アプリを通して転送する技術が開発されている ・アプリの技術は質が悪い

4.2 有望市場洞察分析法 113

表 4.5 ノート市場のミクロ環境要因分析（網掛けはマイナス要因）

市場	顧客	競合	自社との関係
上質紙市場	万年筆が注目されたと同時に素材の良いノートを買う人が増加（主に20代女性で）	4社7ブランド	＜成長期＞ まだまだニーズが多様化していく可能性あり
高級系市場	多少高くとも，付加価値を求める消費者が多数存在している	12社14ブランド（海外製品が多い）	＜導入期＞ まだまだ普及率は低い
低価格市場	小学生〜大学生を中心とする若い世代が人口の1/6存在している	大手企業の独占（100円ショップ）	＜衰退期＞ 低価格ショップ（100円均一）があるため，それ以下に価格を下げられない
⋮	⋮	⋮	⋮
デジアナ市場	・情報を共有したい，楽に管理したい人が増加している ・現在スマホは，学生の勉強用途へも幅を広げている	6社8ブランドで1社の独占だが，ヒット商品が一つしか存在しない	＜導入期＞ スマホの普及率上昇に伴い，まだまだいろいろな工夫が考えられる

114　第4章　ターゲット顧客や対象商品が不明確な場合への適用

表4.6　七つのノート市場のSWOT分析（網掛けはマイナス要因）

市場		機会	脅威
上質紙市場	強み	・手触りや感触をノートに求める人の増加 ・製品ライフスタイルが成長期	競合が少ない
	弱み	・経済産業省が行っている3R政策によって，上質紙に対するマイナスイメージが生まれる ・上質紙自体が高価格である	―
高級系市場	強み	・プチ贅沢志向の拡大 ・少し高くても価値を求める消費者拡大 ・製品ライフサイクルが導入期	―
	弱み	・旅行・レジャー等の消費では高額品が拡大傾向にあるが，日常品は厳しい状態である ・他の市場の商品に比べて値段が高い	・特別な技術は存在しない ・競合が多く，海外企業の増大
低価格市場	強み	・手軽な値段で購入しやすい ・価格は上位の購買決定要因である	海外での大量生産によるコストダウン技術がある
	弱み	・製品ライフサイクルが衰退期	・古紙を活用する技術のため，ノートに汚れが目立つ ・競合が多く，大手企業の独占
デザイン性堪能市場	強み	・こだわりのあるモノへの高額投資の増大 ・女性の感性・感覚消費の増大 ・製品ライフサイクルが成長期	競合が少ない
	弱み	・商品の特性によっては，デザイン要素の購買への影響は異なる ・ターゲット顧客層はそれほど多くない	・特別な技術は存在しない ・大量生産ができない
携帯性堪能市場	強み	・移動中も使え，割安感がある	―
	弱み	・製品ライフサイクルが成熟期 ・小さいノートは持ち運びに特化しているため，通常のノートより，使いづらい点が多い	・ちょっとしたメモを取る優れた代替品は多く存在 ・特別な技術は存在しない ・競合が多く，激戦区
機能性堪能市場	強み	・ノートに機能性を求める傾向が増加 ・ターゲット顧客層が広い ・製品ライフサイクルが成長期	アナログノートの価値や利点を活かす技術の登場
	弱み	・他市場の商品よりも値段が高いものが多い	競合が多く，大手企業の増大
デジアナ市場	強み	・国のIT政策の促進 ・スマホ普及率の増大 ・スマホを用いて勉強するスタイルが一般化 ・アプリ技術の進歩が加速 ・製品ライフサイクルが導入期 ・新しいターゲット顧客層が増加 ・コストパフォーマンスがよい	・1社の独占だが，ヒット商品が一つしか存在しない ・価格は高いが，ノートのデジタル化，軽量化，共有化できる価値は大きい
	弱み	―	―

4.2 有望市場洞察分析法 115

表 4.7 デジアナ市場における購買行動プロセス分析

購買行動プロセス					
	問題認識	情報探索	代替品の評価	購買決定	購買後行動
デジアナ市場	・情報をデジタル化して管理を楽にしたいと思うとき ・沢山の資料やノートをスマートに持ち運びたいと思うとき ・書いた紙をスマホで手軽に見たいと思うとき ・情報をシェアしたいと思うとき ・思い出としてノートの情報を残したいと思うとき	ネットやSNS	代替品の種類が少ないのである程度しか評価できない	・機能性 ・携帯性 ・価格 ※デザインの種類少ない	満足してもらえば再購入が期待でき，クチコミも，スマホと連動しているので情報発信しやすい

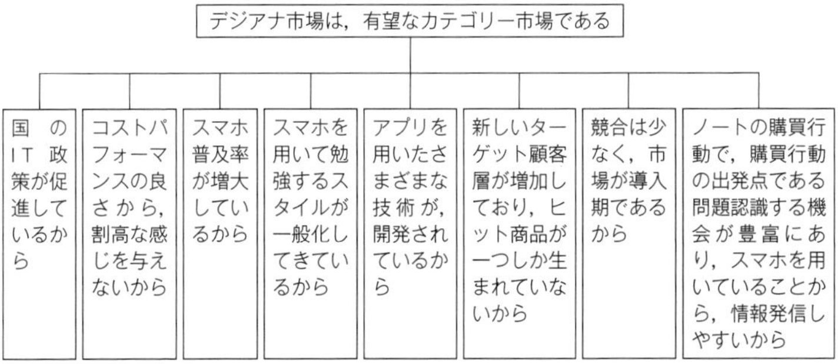

デジアナ市場は，有望なカテゴリー市場である

国のIT政策が促進しているから

コストパフォーマンスの良さから，割高な感じを与えないから

スマホ普及率が増大しているから

スマホを用いて勉強するスタイルが一般化してきているから

アプリを用いたさまざまな技術が，開発されているから

新しいターゲット顧客層が増加しており，ヒット商品が一つしか生まれていないから

競合は少なく，市場が導入期であるから

ノートの購買行動で，購買行動の出発点である問題認識する機会が豊富にあり，スマホを用いていることから，情報発信しやすいから

図 4.3 デジアナ市場における有望なカテゴリー市場の導出

116 第4章 ターゲット顧客や対象商品が不明確な場合への適用

4.3 競合対象商品調査法

4.3.1 競合対象商品調査法の概要

競合対象商品調査法とは，企画者が，有望カテゴリー市場での魅力的な提供価値を洞察分析する対象として，更にインタビュー調査やアンケート調査で回答者に評価してもらう評価アイテムとして，対象商品を導出するための手法である．

具体的には，さまざまな二次データの売れ筋関連情報を収集，得点化し，その総合得点をもとに作成された売れ筋ランキング商品から競合対象商品を選定する．そして選定した競合対象商品を用いて，さまざまな角度から調査・分析する．

売れ筋商品を競合として捉えることで，今後このカテゴリー市場で戦うことになる競合品について，この段階からいろいろと分析して戦略を練ることができる．また売れ筋商品にはさまざまな魅力的提供価値が存在しており，インタビュー調査やアンケート調査の回答者も，評価や意見がしやすい対象となる．

4.3.2 競合対象商品調査法の手順

競合対象商品調査法の手順を表 4.8 に示す．

準備段階では，"有望カテゴリー市場"をもとに，担当者間で調査目的・内容を共有することから始める．

実施段階の売れ筋商品情報の収集（Step 3）では，製品ライフサイクルが導入期の商品は情報自体が少なく，逆に成熟期の商品は情報が多すぎるため，点数化・総合化に工夫が必要である．売れ筋

4.3 競合対象商品調査法　　117

表 4.8　競合対象商品調査法の手順

流　れ		項　目	内　容
① 準備段階	Step 1	前プロセスのアウトプットから，調査目的・内容を設定する	導出した有望カテゴリー市場の情報をもとに，本プロセスで調査する内容・項目・やり方を明確にし，担当者間で情報共有する
	Step 2	導出した有望カテゴリー市場の注目度・関心度情報を収集する	導出した有望カテゴリー市場の商品が取り上げられている，新聞，雑誌，TV，ネットなどの情報を収集する
② 実施段階	Step 3	導出した有望カテゴリー市場での売れ筋商品情報を収集する	・団体や雑誌などが行っている売れ筋順位情報を収集する ・利用度の高い通販 web サイトの売れ筋順位情報を収集する ・売り上げデータ情報を収集する ・出荷台数情報を収集する ・その他売れ筋関連情報を収集する
	Step 4	導出した有望カテゴリー市場の売れ筋ランキングを作成する	各情報を点数化して，総合的な売れ筋ランキング 1 位〜 8 位程度を作成する（表 4.9）
	Step 5	ランキングした各商品の情報を収集する	各商品の特徴，主要ターゲット顧客，価格，販売場所・方法，プロモーションなど，どのような点で売れ筋になっているのか，さまざまな情報を収集する
③ 導出段階	Step 6	調査で得られた情報を整理し，担当者間でディスカッションを行い，競合対象商品を導出する	調査結果をもとに，競合対象商品を 7 〜 8 つ程度導出する
	Step 7	対象商品での売れ筋ランキングを同様に作成する	有望カテゴリー市場と全体の対象商品市場の売れ筋ランキングを比較するために，対象商品での売れ筋ランキングを Step 3 〜 Step 4 と同様の方法で作成する（表 4.10）

118　第4章　ターゲット顧客や対象商品が不明確な場合への適用

表 4.9　デジアナノートの売れ筋商品ランキング（2015年9月現在）

順位／商品名	特　徴	ターゲット顧客	主要売場
1位 α社の Zブランド	・さまざまな用途で使える定番の横罫線を採用 ・切り離しがしやすいミシン目つき ・切り離すと定型サイズになる	ビジネスパーソン（20代女性）	店舗・ネット販売
2位 β社の Yブランド	・書いた内容をデータ化して共有できるマーカー8種類まで設定することができ，使用することによって，タグ付け等の動作をすることができる ・アプリで取り込んだノートの読んでもらいたい部分を強調したり，隠したりすることが可能	ビジネスパーソン	店舗・ネット販売
3位 α社の Xブランド	・裁断機を使わずに楽に切り取りができる ・スキャンアプリでも撮影・認識しやすい	ビジネスパーソン	店舗・ネット販売
4位 γ社の Wブランド	・専用ノートにある分割マークを黒く塗りつぶして撮影することで，塗りつぶされた分割マークを自動認識し，画面上でノートが分割される ・画面タッチ操作で表示と非表示ができ，暗記学習に適している	ビジネスパーソン	店舗・ネット販売
5位 α社の Vブランド	カラフルな透明表紙で，ピンク・黄緑・水色・黒の4色を採用している	ビジネスパーソン（女性）	店舗・ネット販売
6位 δ社の Uブランド	・ノートに印刷されたマーカーを塗りつぶして，自動でフォルダに振り分け，写真データを端末で管理できる ・PDFの生成，議事録の添付，クラウドサービスへのアップロード，メールサービスへのアップロードが可能で，自由に共有や保存閲覧等もできる	学生	店舗・ネット販売
7位 β社の Tブランド	・スマホで手書きノートを撮影すると，傾きや歪みを自動で補正して，データ化すると同時に，最速でクラウドにアップロードすることができる ・象をモチーフにした独自の表紙デザインを，立体感のある箔押し加工で施し，プレミアム感のある質感に仕上げている	ビジネスパーソン	店舗・ネット販売
8位 ε社の Sブランド	・表紙はプラスチックを使用し，汚れにくく，水滴からも保護できる ・各ページにクリアフォルダと同じ素材の半透明シートを添付した，2層構造になっている	20代のビジネスパーソン	店舗・ネット販売

商品のランキング作成（Step 4）では，後の企画ステップのインタビュー調査やアンケート調査で活用することを考えて，8位程度まで作成するとよい．ここでは7〜8商品を選定することが目的であり，厳密な順位を付けることに意味はない．ランキングした各商品の情報収集（Step 5）では，現地・現物での直接的な情報も取り入れながら，徹底的に各商品を洞察分析し，設定された主要ターゲット顧客やデザイン・商品特性などを深く理解することで，既存商品のさまざまな魅力的提供価値や課題が浮き彫りになる．ここでしっかり分析したことが，後の企画ステップの魅力的価値洞察分析，インタビュー・アンケート調査で提示する評価アイテム資料，アイデア発想法，品質表の比較分析に役立ってくる．

導出段階では，有望カテゴリー市場と全体の対象商品市場での売れ筋ランキング（表 4.10）を比較し，その類似・相違傾向を分析しておくと，売れ筋商品の主要なターゲット顧客の設定について，疑問や課題を発見する重要な糸口になる．

表 4.10 ノートの売れ筋商品ランキング（2015 年 9 月現在）

順　位	商　品　名	カテゴリー市場名
1　位	α 社 Z ブランド	デジアナ市場
2　位	β 社 S-1 ブランド	携帯堪能性市場
3　位	ζ 社 T ブランド	機能堪能性市場
4　位	β 社 C ブランド	低価格市場
5　位	η 社 P ブランド	上質紙市場
6　位	θ 社 M ブランド	上質紙市場
7　位	β 社 S-3 ブランド	機能堪能性市場
8　位	γ 社 R ブランド	機能堪能性市場

120 第 4 章 ターゲット顧客や対象商品が不明確な場合への適用

4.4 有望ターゲット顧客洞察分析法

4.4.1 有望ターゲット顧客洞察分析法の概要

有望ターゲット顧客洞察分析法とは，仮説となる有望なターゲット顧客を帰納的に導出するための手法である．単に顧客の性別や年代を層別した特性でターゲット顧客を定めるのではなく，性格・行動・思想などの顧客の価値観を用いて，さまざまな顧客層をさまざまな"顧客像（顧客の最も象徴的な姿）"で表現し，各顧客像の中から，どの顧客像が有望なターゲット顧客として有望市場に適合するかを分析する．

具体的には，企画者が，競合対象商品の主要ターゲット顧客が持つ価値観の傾向と有望カテゴリー市場商品の本質的価値の適合性を分析する．適合性がある場合は，既存の主要ターゲット顧客を有望なターゲット顧客とし，適合性が低い場合は，有望カテゴリー市場商品の本質的価値が発揮される状況・用途に出合う機会が多い新しいターゲット顧客を導出する．そしてその新しいターゲット顧客について，マクロ・ミクロ環境要因分析，購買行動プロセス分析を用いた洞察分析を行う．その結果を系統図にまとめ，論理的思考法を用いて，仮説となる有望なターゲット顧客を導出する．

4.4.2 有望ターゲット顧客洞察分析法の手順

有望ターゲット顧客洞察分析法の手順を表 4.11 に示す．

準備段階では，"競合対象商品の主要ターゲット顧客"をもとに，担当者間で分析目的・内容を共有することから始める．本質的

4.4 有望ターゲット顧客洞察分析法　　121

価値の考察（Step 3）では，他のカテゴリー市場の商品では得ることのできない魅力的提供価値を列挙するとよい.

表 4.11　有望ターゲット顧客洞察分析法の手順

流　れ		項　目	内　容
① 準備段階	Step 1	前プロセスのアウトプットから，分析目的・内容を設定する	導出した有望カテゴリー市場の競合対象商品をもとに，本プロセスで分析する内容・やり方・アウトプットを明確にし，担当者間で情報共有する
	Step 2	競合対象商品で設定されている主要ターゲット顧客をまとめる	本，雑誌，ネットなど，さまざまな情報を用いて，各商品の主要ターゲット顧客をまとめる
	Step 3	有望カテゴリー市場の商品について，本質的価値を考察する	有望カテゴリー市場の商品が本来持つ，他にない提供価値がどのようなものであるか，本質的な価値について考察する（図 4.4）
② 分析段階	Step 4	競合対象商品の主要ターゲット顧客の価値観と有望カテゴリー市場商品の本質的価値の適合性を分析する	競合対象商品の主要ターゲット顧客は，どのような価値観を一般的に持つ傾向があり，対象商品に対して，どのような提供価値を求める傾向があるのか，有望カテゴリー市場商品の本質的価値との適合性をさまざまな角度から分析し（図 4.4），適合性があればそのまま主要ターゲット顧客を有望なターゲット顧客として Step 6 の手順に，適合性が低い場合は，新たな有望ターゲット顧客を探すために Step 5 の手順に進む
	Step 5	有望カテゴリー市場商品の本質的価値を求める機会が物理的に多いターゲット顧客を洞察する	競合対象商品の主要ターゲット顧客とは別の有望なターゲット顧客が存在しないか，有望カテゴリー市場商品の本質的価値を求める機会が物理的に多くなるようなターゲット顧客を洞察分析し，有望なターゲット顧客を幾つか選定する（図 4.4）.
	Step 6	導出したターゲット顧客について，マクロ・ミクロ環境要因分析を行う	マクロ・ミクロ環境要因分析に必要な情報を集め，分析フレームワークに沿って，マクロ・ミクロ環境要因分析を行う（表 4.12）
	Step 7	導出したターゲット顧客について，購買行動プロセス分析を行う	購買行動プロセス分析に必要な情報を集め，分析フレームワークに沿って，購買行動プロセス分析を行う（表 4.13）
③ 仮説導出段階	Step 8	有望ターゲット顧客洞察分析法で得られた情報を整理して組み立てる	Step 6 ～ Step 7 までの結果を図 4.5 に示すような系統図にまとめ，有望ターゲット顧客を導出する論理的思考の枠組みを検討し，系統図を仕上げる
	Step 9	担当者間でディスカッションを行い，有望ターゲット顧客を導出する	分析結果をもとに，有望なターゲット顧客を論理的に導出する

122　第4章　ターゲット顧客や対象商品が不明確な場合への適用

　分析段階では，競合対象商品の主要ターゲット顧客の価値観について，さまざまな雑誌や学術文献なども活用して考察するとよい．マクロ・ミクロ環境要因分析（Step 6），購買行動プロセス分析（Step 7）は，有望市場洞察分析法の手順と同様である．また仮説導出段階についても，手順は有望市場洞察分析法と同様である．

【デジアナノートの本質的価値】
- 使い慣れた自由度の高いアナログノートと最新鋭のデジタル機器が併用できる
- 文字，図表，イラスト，写真を組み合わせてもデジタル化でき，さまざまな加工がしやすい
- ノート情報をそれぞれデータフォルダに振り分けでき，整理・整頓の効率が高い
- 検索機能によって必要なノート情報を素早く的確に取り出せる
- ノート情報をクラウドに保存でき，ノート情報の保存精度が高い
- いつでもどこでも場所を問わずノート情報にアクセスできる
- 手荷物としてノートを軽減でき，荷物の軽量化や資料・データのコンパクト化ができる
- ノート情報の携帯・伝達・共有が容易にできる

【本質的価値が発揮される状況・用途】
- いつでもどこでも手軽にノート情報を見たいとき
- アナログノートを忘れたり，なくしたくないとき
- 自分の好きなフォーマットで自由に書いたものをそのままデータ化したいとき
- 自作のイラストや図等をそのまま保存し，手軽にデータ化や共有化したいとき
- 作業をする際に，机周りを資料で散乱させたくないとき
- 複雑なメモ情報の中から，手早く情報を見つけたいとき
- 荷物を軽量化しながら，情報を一つの端末として多く持ち歩きたいとき
- ノート情報を素早く保存し，情報管理を楽にしたいと思ったとき
- デジタル化したノートを友人と共有したいとき
- ノート情報が多いとき，コンパクトに情報をまとめて管理したいとき

この状況・用途に出合う機会が多い

【男性ビジネスパーソンの価値観】
- パソコンやスマホ・タブレットなどを用いてメモを取る傾向が多い
- 紙にメモをする場合，定型のノートではなく，資料などの配付物に記入する傾向が多い
- 作業効率を高めるものに価値を感じる傾向がある
- ノートなどの消耗品には高額の費用をかけない傾向がある
- 新規性の高い商品の購買にあまり関心がない傾向がある

キャリジョ思考の女性大学生
＜特徴＞
- 社会進出に強い関心がある
- 時間の効率化を工夫している
- 思いついたときに情報の確認や共有をよくする
- 最新技術に興味関心がある
- デジタルネイティブ世代である
- 文字やイラストを手書きすることを重視する
- 人との関係性を常に気にするタイプである

図4.4　既存商品の主要ターゲット顧客の価値観，商品の本質的価値，有望なターゲット顧客との関係性（デジアナシートの例）

4.4 有望ターゲット顧客洞察分析法 123

表 4.12 キャリジョ思考の女性大学生についての
マクロ・ミクロ環境要因分析

マクロ	政治的	⋮
	経済的	⋮
	社会的要因	・女性大学生は，ノートに手書きでまとめるほうが効果的とわかっていても，思わず写真に撮ってしまうような行動が多くある ・女性大学生はノートの貸し借りが多い ・女性大学生は手書きの味を求めており，手書きの味付けが得意な人が多い ・スマホ利用者の近年の増加は，若い女性で占められている
	技術的要因	機械操作の苦手な女性大学生でも，簡単に情報の共有，デジタル化ができる技術が存在している
ミクロ	顧客	・女性大学生が増加している ・女性大学生のスマホ利用が増加している ・ノートや手帳がアナログ派の女性大学生が増加している
	競合	キャリジョ思考の女性大学生をターゲットにしたデジアナノートは存在しない
	自社関連	デジアナノート製造企業が製造する他商品と女性大学生の接点は多い

表 4.13 キャリジョ思考の女性大学生についての
購買行動プロセス分析

問題認識	情報探索	…	購買決定	購買後行動
・大学入学，新学期という必ずある一定時期にくると問題認識が生まれる ・情報の管理や整理・整頓を効率的に行いたいと思うとき ・沢山の資料やノートをスマートに持ち運びたいと思うとき ・デジタル化したノートを共有したいと思うとき ・どのような場所でもノートを使って思考を整理したいと思うとき ・すぐにアイデアをまとめ共有したいとき ・自分の持ち物とノート情報との連携を図りたいと思うとき	・店頭 ・CM ・雑誌 ・友人知人 ・ネット	…	・今までにない機能 ・デザイン	満足してもらえれば再購入が期待でき，クチコミもスマホと連動しているので，タイミングよく情報発信してくれる

124　第4章　ターゲット顧客や対象商品が不明確な場合への適用

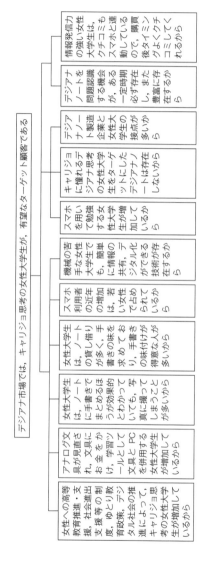

図4.5　デジアナ市場における有望なターゲット顧客の導出

4.5 魅力的提供価値洞察分析法

4.5.1 魅力的提供価値洞察分析法の概要

魅力的提供価値洞察分析法とは，選定した有望なターゲット顧客が望む，仮説となる魅力的な提供価値を帰納的に導出するための手法である．

具体的には，企画者が，社内・外のさまざまな二次データの情報と現地・現物での直接的な情報も取り入れて，選定した有望なターゲット顧客の視点から，競合対象商品について，4P（Product, Price, Place, Promotion）分析，経験価値モジュール分析[27]を用いた洞察分析を行う．その結果を系統図にまとめ，論理的思考法を用いて，仮説となる魅力的な提供価値を導出する．

4.5.2 魅力的提供価値洞察分析法の手順

魅力的提供価値洞察分析法の手順を表 4.14 に示す．

準備段階では，"競合対象商品，有望なターゲット顧客"をもとに，担当者間で分析目的・内容を共有することから始める．

分析段階では，4P 分析（Step 3），経験価値モジュール分析（Step 4）する場合，分析者が競合対象商品を実際に使用し，体験することはとても重要であるが，提供価値を分析するときは，有望なターゲット顧客の視点から洞察することが必要であるため，有望なターゲット顧客に接したり，なりきったりするとよい．また，機能・性能などの物理的な特性やスペックについて分析するだけでなく，価値のさまざまな側面・次元についても分析し，更に提供価値

126 第4章 ターゲット顧客や対象商品が不明確な場合への適用

表 4.14 魅力的提供価値洞察分析法の手順

流れ		項目	内容
① 準備段階	Step 1	前プロセスのアウトプットから,分析目的・内容を設定する	導出した競合対象商品と有望なターゲット顧客をもとに,本プロセスで分析する内容・やり方・アウトプットを明確にし,担当者間で情報共有する
	Step 2	導出された有望なターゲット顧客を理解する	導出された有望なターゲット顧客について,性格,ライフスタイル,価値観,購買行動などについて理解する
② 分析段階	Step 3	各競合対象商品の提供価値について,4P分析する	以下の四つの視点について分析する ・Product(商品)については,"商品のベネフィット,商品仕様,商品の付加価値"を洞察分析する(表4.15) ・Price(価格)については,"自社,競合関係,将来性"を洞察分析する(表4.16) ・Place(販売)については,"販売場所,売り方,販売スペース"を洞察分析する(表4.17) ・Promotion(プロモーション)については,"認知方法,販売促進方法"を洞察分析する(表4.18)
	Step 4	各競合対象商品の提供価値について,経験価値モジュール分析する	以下の五つの視点について分析する(表4.19,表4.20) ・SENSE(感覚的経験価値)については,ターゲット顧客の五感に訴求することを洞察分析する ・FEEL(情緒的経験価値)については,ターゲット顧客の心や精神に訴求することを洞察分析する ・THINK(知的経験価値)については,ターゲット顧客の知性に訴求することを洞察分析する ・ACT(行動的経験価値)については,ターゲット顧客の行動習慣に訴求することを洞察分析する ・RELATE(関係的経験価値)については,ターゲット顧客の帰属意識に訴求することを洞察分析する
	Step 5	分析した結果を,二つの側面の提供価値に整理する	"既存商品によって充足される,優れた提供価値"と"既存商品では充足されない,満たして欲しい提供価値"に分ける
③ 導出段階	Step 6	魅力的価値洞察分析法で得られた情報を整理して組み立てる	Step 5の結果を図4.6に示すような系統図にまとめ,魅力的な提供価値を導出する論理的思考の枠組みを検討し,系統図を仕上げる
	Step 7	担当者間でディスカッションを行い,魅力的な提供価値を導出する	分析結果をもとに,魅力的な提供価値を論理的に導出する

プロセスにおいて複合・補完している価値についても分析しておくことが大切である．

　導出段階では，これでピラミッド型仮説構築法の最終ステップになるので，系統図の最上段には，"有望な市場，有望な市場での有望なターゲット顧客"の導出結果とまとめて，どのような魅力的な提供価値が望まれているか，提供価値を既存商品の提供価値で充足される側面と既存商品の提供価値では充足されない側面に分けて導出すると理解がしやすい（図4.6）．

表 4.15　各デジアナノートの Product についての洞察分析

メーカー名／ 商品名	商品の ベネフィト	商品の仕様	商品の付加要素
1位 α社の Z ブランド	ノートをデータ化することで資料をコンパクトに持てることで，整理能力をアピールできる	対応機種：Android, 　　　　iOS 紙質：上質紙 サイズ：ツインリングタイプ L サイズ（210×167mm） デザイン：黒，白	ノートに書いた情報を探し出せる機能
⋮	⋮	⋮	⋮
8位 ε社の S ブランド	どこでもディスカッションができ，コミュニケーションがとれる	対応機種：Android, 　　　　iOS 紙質：ホワイトボード（紙製） サイズ：A4 判（322×301mm） デザイン：ブラック	・字の書き直しができる． ・ホワイトボードを携帯できる

128 第4章 ターゲット顧客や対象商品が不明確な場合への適用

表 4.16 各デジアナノートの Price についての洞察分析

商品名	自社 (希望小売価格)	競合関係	将来性
⋮	⋮	⋮	⋮
β社の Yブランド	880 円（税別） 平均より高い	市場で2位であるが，価格は高く設定している	企業のネームバリューとブランド価値があるため，高い価格設定
α社の Xブランド	240 円（税別） 平均よりかなり安い	市場で低い位置にいるため価格をかなり安く設定されている	市場に十分な企業のネームバリューや商品の浸透率があるため，低価格な設定
⋮	⋮	⋮	⋮

表 4.17 各デジアナノートの Place についての洞察分析

商品名	販売店	売り方	販売スペース
⋮	⋮	⋮	⋮
3位 α社の Xブランド	東急ハンズ ネットショッピング	ネットでは，商品の中身や使い道がわかるように画像と一緒に説明文が掲載されている	・販売していない店舗多数 ・amazon で4行の商品説明 ・4枚の商品写真
4位 γ社の Wブランド	ロフト，文教堂，東急ハンズ ネットショッピング	・一般文房具販売店のスマート文具コーナーに，立てて陳列しており，表紙がカラーを手前に置き，左から暖色系を並べ，寒色系へと陳列．夏は逆からの陳列 ・ネットでは，商品の中身や使い道がわかるように画像と一緒に説明文が掲載されている	・一般的なノート（横15列，縦4段）より狭いスペースでの販売 ・amazon で商品概要のみの説明 ・7ページ分の商品説明
⋮	⋮	⋮	⋮

4.5 魅力的提供価値洞察分析法　　129

表 4.18　各デジアナノートの Promotion についての洞察分析

商品名	認知（知ってもらうため）の方法	販売促進（買ってもらうため）の方法
⋮	⋮	⋮
2位 β社の Y ブランド	Web：商品特徴の紹介（漫画で活用シーンの紹介，クチコミ掲載） その他：YouTube での利用方法掲載（企業等での打ち合わせや授業等の活用シーン，ノートの種類など） 雑誌：デジアナ文具の紹介	Web に無料サンプルがあり，試すことができる
⋮	⋮	⋮
4位 γ社の W ブランド	Web：商品特徴の紹介（使い方，活用シーンなど）（動画での特長紹介，活用シーンの紹介） その他：YouTube での利用方法掲載（使用時の様子，商品の特長など） 雑誌：デジアナ文具の紹介	特注品として名前を入れることができる
⋮	⋮	⋮

130　第 4 章　ターゲット顧客や対象商品が不明確な場合への適用

表 4.19　α 社の Z ブランドの経験価値モジュール分析

SENSE	視覚：本物志向や高級感を連想させるような現代的なブラックデザインと直感的に注意を与える文字のロゴが視覚に刺激を与えている 聴覚：商品名の響きが耳に残る（紹介ムービー等での名前の呼び方アクセントが強調的）
FEEL	ノート自体の重量感を残しているため，筆記する感覚に安心感・親しみがある
THINK	サイズ標記を No. で記載するデザインで，その意味を考えさせる 多彩な利用シーンを Web で紹介しているため，購買後のライフスタイルを考えさせる
ACT	シンプルでかつサイズバリエーションが豊富であるため，シーン・ライフ別に持ちたくなる
RELATE	デジタル連動文具の新ジャンル"スマホノート"というカテゴリーを創造

表 4.20　β 社の Y ブランドの経験価値モジュール分析

SENSE	視覚：模様やロゴをわかりずらくすることで，じっくり見させるデザインとして発見させることで，視覚に訴えかけている．光沢のある漆黒で視覚に刺激を与えている． 聴覚：CamiApp の名前の響きから耳に残る（紹介ムービー等で何度も連続し名前を呼ぶ）
FEEL	シンプルでロゴが強調しておらず，落ち着きのあるブラックで手になじむため，安心感がある．
THINK	左隅に黒地に青字のロゴで，あえて目立たなくし，考えさせるデザインになっている．CamiApp の特徴的な名前から，由来・名前の意味を考えさせる（紙をアップロード）．使用シーン別の利用紹介を HP 等に載せているため，誰でも使えることを示している．
ACT	－
RELATE	－

4.5 魅力的提供価値洞察分析法　　131

図 4.6 デジアナ市場におけるキャリジョ思考の女性大学生が望む魅力的な提供価値の導出

132 第4章 ターゲット顧客や対象商品が不明確な場合への適用

4.6 ピラミッド型仮説構築法と商品企画七つ道具との関係

　商品企画七つ道具の1番目の手法は"インタビュー調査法"である．ここでは，どのような回答者を集めて，どのようなことについて，どのような質問を行っていくかいうインタビュー調査の設計をしなければならない．そこで，まずは4.5節までに導出された"有望な市場""有望な市場での有望なターゲット顧客""有望なターゲット顧客が望む魅力的な提供価値"の仮説を，図4.7に示すような短いステートメントで表現する．これにより，どのような新商品コンセプトをこれから企画していくかという方向性が，プロジェクトメンバー間で的確に理解しやすくなる．

　そして，担当者間で方向性の情報共有をしっかり行った上で，インタビュー調査の設計がしやすいいように，"有望な市場""有望なターゲット顧客""魅力的な提供価値"の仮説を，調査仮説に置き換える作業（図4.8）を行う．これにより，ピラミッド型仮説構築法の導出結果を，商品企画七つ道具に適切に連動させやすくなる．

　我々は，デジアナ市場で，"自分らしく働く女性（キャリジョ）に憧れるデジタル思考とアナログ思考の両方を持った女性大学生"をターゲット顧客とした，"ノート（アナログ）と画像・データ（デジタル）で情報を所有し，いつでもどこでもスムーズに情報を確認・共有できる機能を備えたデジアナノートと，その活用シーンがわかりやすく実際に実物を体験できる販売・プロモーション"の提供価値を満たした新商品コンセプトを創造する．

図4.7 新商品コンセプトの方向性を表したステートメント
（デジアナノートの例）

4.6　ピラミッド型仮説構築法と商品企画七つ道具との関係　　133

仮説1：デジアナノートは，有望な市場である

仮説2：多くのキャリジョ思考の女性大学生は，自分らしく働く女性に憧れており，理論的なデジタル思考と感覚的なアナログ思考を持つデジアナタイプであるため，最新技術の備わったデジタル商品と今まで使われ続けてきたアナログ商品の双方に関心を持っている

仮説3：キャリジョ思考の女性大学生は，デジアナノートの有望なターゲット顧客である

仮説4：キャリジョ思考の女性大学生のデジアナノートの購買決定要因は，以下のとおりである

①　ノートとデータの両方を所有でき，場所を問わずノートの整理・検索・共有できる価値

②　使い道を自分でアレンジできるような活用シーンを創造できる機能

③　興味や好奇心をわかせるようなネーミング

④　実物を体験できる販売形態

⑤　キャリジョ思考の女性大学生のライフスタイルの中での使用を想起させるようなプロモーション

⑥　キャリジョ思考の女性大学生が興味を持つようなシーンや芸能人を起用したCM

⑦　ライフスタイルに直結させ，準拠集団や文化との関連付けができるネーミングと仕組み

図4.8　調査仮説への変換（デジアナノートの例）

第5章 商品企画七つ道具を用いた商品企画の実践例－デジアナノートの商品企画－

5.1 はじめに

　第4章までで，商品企画七つ道具の全容・プロセス・体系，商品企画七つ道具の各手法，商品企画七つ道具を活用する前プロセスに行う仮説の発掘・構築手法を説明した．本章では，一つのテーマを取り上げ，前章で説明したピラミッド型仮説構築法を含めた商品企画七つ道具の実践例を説明する．

　本章で取り上げるテーマは，"デジアナノートの商品企画"である．デジアナノート[28)]とは，スマホ対応の専用アプリで通常のノートを撮影し，ノート情報をデータ化することで，デジタル情報とし

図 5.1　デジアナノートとは

136 第5章 商品企画七つ道具を用いた商品企画の実践例

てノートの管理・整理・共有・確認が行える "最新ノート" である
(図 5.1)．この商品企画の背景は，次のとおりである．

① 便利なデジタルツールを使用しながらも，アナログの紙媒
体のメモ帳やスケジュール帳を使用する人は多い[29]．

② 2014 年まで売上げが下降傾向にあった文具市場で，2015
年以降，紙関連の文具商品は緩やかに売上げが上昇してい
る[30]．

③ 多くの人が，ノートの本質的役割を果たすノート術を知ら
ないまま，ノートを使い続けている[31]．

④ 機能面で 100 年近く進展のないノートが多い．

⑤ ノートを主力商品として発展してきた文房具メーカーはほ
とんどない．

以上のことから，多くの課題を抱えながらも，主力文房具メー
カーも気づいていない，顧客のさまざまなニーズがまだまだ存在す
ると考えられ，新商品開発を行う価値の高いテーマと考えた．

本事例は，丸山研究室の学生たち（3 年生）がゼミナール研究と
して商品企画七つ道具を用いて新商品企画を行い，"第 35 回関東
学生マーケティング大会" で優秀賞（総合 2 位）を獲得した研究
である．学生たちが持っている限られた知識と手に入れることので
きるデータのみで商品企画七つ道具を実践し，ここまでの企画がで
きるということは，商品企画・開発に長年携わり，社内や関係組織
からいろいろなデータや協力を得られる方が商品企画七つ道具を用
いて企画を行えば，一段と効果的な新商品企画が進められ，期待す
る結果が確実に得られるということである．

なお，関東学生マーケティング大会は，関東圏のマーケティングを専攻する名門ゼミが集結し（第35回大会は41チーム参加），論文審査に加え，実務家審査員［凸版印刷(株)，(株)電通，(株)博報堂，(株)インテージ，日産自動車(株)，ライオン(株) など］へのプレゼン審査を3回戦で競う，伝統ある研究大会である．

5.2 仮説となる新商品コンセプトの方向性を構築する企画プロセス（ピラミッド型仮説構築法）

5.2.1 ノート市場を知る

有望市場洞察分析法の結果，表4.3に示したようにノート市場は，1884年に誕生した大学ノートから一般の人々もノートを使うようになり，"上質紙，高級系，低価格，デザイン性堪能，携帯性堪能，機能性堪能，デジアナ"のカテゴリー市場が順次形成されていった．しかし，この形成の中で，ノートの使用方法や形はほとんど変化がなく，デザインや素材にこだわるという点でさまざまな付加価値がつけられ，そのさまざまな点で市場は細分化され，この七つの市場となった．

5.2.2 有望なカテゴリー市場を探る

有望な市場を探るため，この七つの市場について，マクロ・ミクロ環境要因分析を行い，その結果をSWOT分析に整理した結果（表4.6），デジアナ市場は，機会と脅威に対する強みがあり，弱みについては大きな問題はなかった．また，デジアナ市場は市場を独

占するような商品が一つ存在するが，ターゲット顧客や潜在ニーズの拡がりはこれから大きくなる市場であり，更に購買行動プロセス分析の結果も含め，総合的に判断して有望であると導出できる．

以上の有望市場洞察分析法の結果を系統図にまとめると図4.3になり，デジアナ市場はノート市場において，有望なカテゴリー市場であるという仮説が構築できた．

5.2.3 デジアナ市場での競合商品を知る

導出したデジアナ市場について売れ筋商品を公開し，デジアナノートの購買が多く行われている複数の大手通販サイトの売れ筋情報を活用し，表4.9の売れ筋商品のランキング（2015年9月現在）を作成した．表4.9より，デジアナノートはさまざまな用途や機能面等で新しい期待ができる商品である．しかし，現在売れ筋と考えられる商品でも，ノートの使用方法・形・販売形態で，従来のノートとの違いがほとんど感じられず，更にα社のZ商品以外のデジアナノートは，一般的なノートの売れ筋にはランキング（表4.10）されていない．

以上のことから，現在デジアナ市場は，ターゲット顧客の設定も含めてまだまだ開拓の余地が多い市場と言える．

5.2.4 デジアナ市場での有望なターゲット顧客を探る

現在売れ筋と考えられるデジアナノートの多くは，主要ターゲット顧客を，会社内や外回りでノートを利用し，効率化を重視する男性のビジネスパーソンに設定している．しかし，図4.4に示したよ

うに，一般的な男性ビジネスパーソンの価値観[32)〜33)]は，デジア
ナノートの本質的な価値を求める適合性が低く，もっと適合性のよ
いターゲット顧客を探すべきと考察できる．

そこで，図 4.4 に示したように，デジアナノートの本質的な価値
を再度洞察分析し，よりデジアナノートの本質的な価値が求めら
れる状況や用途に遭遇しやすいターゲット顧客を考察した結果，
"自分らしく働く女性（キャリジョ）に憧れる女性大学生" が導出
された．"キャリジョ" とは，博報堂の "キャリジョ研" で長年研
究されている OL という言葉に代わる "働く女性" の新しい総称で
ある[34)]．このキャリジョに憧れるキャリジョと同様の思考の女性
大学生（以下，キャリジョ思考の女性大学生という．）の特徴（図
4.4）から，デジアナノートの本質的な価値を求める適合性が高い
と考えられる．

そこで，デジアナノートの有望なターゲット顧客として，"キャ
リジョ思考の女性大学生" を考え，マクロ・ミクロ環境要因分析を
行った結果，表 4.12 に示したようにマクロ・ミクロとも有望な要
因が多く存在した．また購買行動プロセス分析においても，表 4.13
に示したように，購買行動プロセスの出発点で，ある一定時期に必
ず問題認識する機会が存在し，総合的に判断して，キャリジョ思考
の女性大学生は，デジアナ市場で有望なターゲット顧客であると導
出できる．

以上の有望ターゲット顧客洞察分析法の結果を系統図にまとめる
と図 4.5 になり，キャリジョ思考の女性大学生は，デジアナ市場に
おいて，有望なターゲット顧客であるという仮説が構築できた．

5.2.5 キャリジョ思考の女性大学生がデジアナノートに望む 魅力的な提供価値を探る

有望なターゲット顧客である "キャリジョ思考の女性大学生" の視点で，現在売れ筋となっている競合対象商品のデジアナノート 8 商品を，4P 分析，経験価値モジュール分析を用いて洞察分析した結果（表 4.15 ～表 4.20 など），四つの P 全てが，また全ての経験価値が優れている商品は存在しなかった．しかし，Product に関する "資料検索・整理・整頓ができる (資料をなくすことが減り，資料が散らからない)" "資料が共有できる" の価値，Price に関する "コストパフォーマンスの良い" "デジタル文具の中でも低価格設定" の価値，Place に関する "実物を見て購入できる販売場所" "デジアナノートを特設し，販売するスペース" の価値，Promotion に関する "Web から商品を試すことができるサンプル印刷" "使い方がわかる紹介ムービー" "商品を紹介する特集の組まれた雑誌広告" の価値，経験価値に関する "表紙・ロゴから得られる SENSE（デザイン）" の価値については，キャリジョ思考の女性大学生にとっても，既存商品によって充足される魅力的な提供価値になると考える．

ただし，Product については，"使い道を自分で拡げられる" "薄い文字でも読み取れる文字認識処理" の価値が，Place については，"実物を体験できる" "目立つ特設コーナーでの販売" の価値が，経験価値については，"ライフスタイルに直結させ，準拠集団や文化との関連付けができる ACT（仕組み作り）と RELATE（ネーミング）" の価値が，既存商品では充足されない，満たして欲

しい提供価値と言える．

　以上の魅力的価値洞察分析法の結果を系統図にまとめると図 4.6 になり，図 4.6 に示した提供価値が，キャリジョ思考の女性大学生にとって，魅力的なデジアナノートの提供価値であるという仮説が構築できた．

5.2.6　仮説となる新商品コンセプトの方向性をまとめる

　どのような新商品コンセプトを企画していくかという方向性が理解しやすいように，ピラミッド型仮説構築法によって構築された"有望な市場，有望なターゲット顧客，魅力的な提供価値"の仮説を短いステートメントで表すと図 4.7 になる．さらに，これらの仮説をインタビュー調査で検証する調査仮説に置き換えると，図 4.8 になる．

　以上の調査仮説について，次の企画ステップのインタビュー調査法で，これらの調査仮説が真に有望であるかを検証し，新商品コンセプトの更なる深掘りを行っていく．

（5.3）　新商品コンセプトの方向性を示した仮説を定性的に検証する企画プロセス（インタビュー調査法）

5.3.1　有望なターゲット顧客と調査回答者の適合性を分析する

　インタビュー調査では，図 4.8 の調査仮説を検証するために，キャリジョ思考の女性大学生に該当する回答者を対象に，評価グリッド調査，グループインタビュー調査を各 40 名に行った．各調

142　　第5章　商品企画七つ道具を用いた商品企画の実践例

査では，有望なターゲット顧客と回答者の適合性が分析できるように，図 2.3 に示したキャリジョ思考の女性大学生のライフスタイルや価値観の特徴を入れた回答者属性を尋ねるアンケートも行った．

　この回答者属性のデータを単純集計した結果（表 5.1）から，本調査の回答者は，有望と考えた"キャリジョ思考の女性大学生"の特徴に多く当てはまると言える．さらに回答者の特徴を詳しく理解するために，回答者属性のデータに対して，数量化Ⅲ類及びクラ

表 5.1　回答者属性データの単純集計

質　　問	回 答 結 果
あなたの性格に当てはまるものは何ですか？	"自分の趣味やスタイルにあったものを選ぶほう，優柔不断，デザインやイメージで選ぶほう" の回答が大多数
休日や暇なときは何をしていますか？	"友人と会う，SNS" の回答が大多数
就職について今から考えていますか？	"はい" の回答が 78%
どのような社会人になりたいですか？	"知的でテキパキ仕事をこなせるようなキャリアタイプ" の回答が 55%
ノートを1週間にどのくらい使用していますか？	"毎日・週に4〜5日" の回答が 95%
あなたはどのようなときにノートを利用しますか？	"授業，メモを取りたいとき，アイデアや思考をまとめたいとき" の回答が大多数
スマホを1日どのくらい利用しますか？	"3〜7時間以上" の回答が 95%
どのようなときにスマホを利用しますか？	"自宅で暇なとき，電車やバス等の移動時間，何かを調べたいとき" の回答が大多数
デジアナノートをご存知ですか？	"はい" の回答が 65%
デジアナノートに関心がありますか？	"はい" の回答が 58%

スター分析を行い，回答者のライフスタイルで四つのタイプ（"クチコミ型トレンディタイプ＜SNSやスマホを用いて情報収集を行い，流行やクチコミを気にする女性を表す＞：7人""価格型フリーダムタイプ＜節約思考のマイペースな女性を表す＞：8人""個性型フレンドリータイプ＜社交的で人との関わりを持つのが好きで，個性的なものを好む女性を表す＞：8人""機能型ストイックタイプ＜自己意識が高く，こだわりを持っており，憧れを抱きやすい女性を表す＞：17人"）に分類し（図2.3），このタイプごとのインタビュー調査結果も考察した．

5.3.2 評価グリッド調査法による仮説の検証

表4.9に示した競合対象商品八つについて，二つずつ商品を取り出し，一対比較させながら，商品選好基準の構造を調査した．商品評価については，実物に加え，各商品の特徴，アプリ・機能の詳細，販売方法，プロモーションなどを記載したわかりやすい資料を提示して行った（魅力的価値洞察分析法の結果も取り入れて，調査仮説4に挙げた購買決定要因について評価できるように，それらの詳細な情報を掲載した．）．

図2.4（関連のある各項目は線で結ばれ，回答の多かった項目は太枠で囲んでいる）に示す評価グリッド調査の結果から，デジアナノートの選好基準は，"アプリの機能，ノートのデザイン，価格，販売形態，プロモーション"で，この順番で多く回答があった．選好基準として最も多く挙がった"アプリの機能"の評価項目では，上位概念から"時間の効率化ができている気分になりたいから""日

常的に使いたいから""新しい機能でワクワクしたいから""すぐ共有したいから"という潜在ニーズを満たそうとして，この評価項目で選好している．具体的に便利なアプリ機能とは，下位概念から"使い方を自動で説明し，すぐにデータ化でき，フォルダ管理が手軽に行え，クラウド保存できる""場所を問わず検索でき，見返せる""SNSでの共有が簡単に行える"という機能を求めている人が多い．このことからキャリジョ思考の女性大学生（本調査回答者）は，デジアナノートの本質的価値を求めていることがよくわかる．

　さらに"ノートのサイズ感"の評価項目では，"慣れ親しんだサイズ""持ち運びにストレスがない""鞄が整理できている""几帳面に見られる""持ち運びに慣れている"という，アナログノートとデジタル機器を併用することで実現できる機能的価値を潜在ニーズとして挙げており，デジアナノートの本質的価値が求められていると言える．そして仮説構築では想定していなかった"ノートデザイン，価格"という新たな購買決定要因が導出され，"シンプルなデザイン""1冊200円以下（一般的な大学ノートと同じ分量・サイズで）"を求めていることや，販売形態では，仮説とは異なる"ロフトや東急ハンズなどの大型雑貨店，本屋"を求めることが新たにわかった．

　さらに，回答者の四つのセグメント別に評価構造図を考察したが，大きな違いは発見できず，デジアナノートについて，キャリジョ思考の女性大学生の中で更に細分化された商品選好評価の特徴はなかった．

5.3.3 グループインタビュー調査法による仮説の検証

グループインタビュー調査では，5〜6人のグループに対して，文具への関心，デジアナノートの認知度，デジアナノート自体に関することなどについて，グループディスカッションを行ってもらった．

まず回答者自身についてのインタビューでは，"自分に対する周りからの視線が気になるため，いつもしっかりしているように見られたい，自分の好むものへのこだわりが強い"ことを理由に，"自己意識が高い"と回答する人が多い．そのため，自分のこだわるものや憧れるものに対して，"憧れやこだわりのある芸能人に少しでも近づきたいという思いがあり，所有している商品をすぐに真似たりすることがある"という意見が多く出た．就職活動の話題では，多くの回答者が就職やキャリアに関する情報を得ており，更に，現在アナログノートを使用している人が8割で，アナログ商品を使用しつつも，最新技術の備わったデジタル商品の双方に関心を持っている人が多かった．これらのことから，本調査の回答者は，有望と考えた"キャリジョ思考の女性大学生"の特徴に多く当てはまると言える．

図2.6に示したグループインタビュー調査の結果から，デジアナノートを知っていた人，初めて知った人ともに，既存のデジアナノート商品に対して，"便利そう，先進的で使ってみたい，役立ちそう，利用したい"という好意的な意見が多く挙がったが，機能面では多くの不満点が指摘された．デザイン面では個人によって不満要素が異なり，販売・プロモーションについては，デジアナノート

146　　第 5 章　商品企画七つ道具を用いた商品企画の実践例

の本質的価値を知ってもらう以前の問題というレベルの不満が多く挙げられた．機能面の要望では，"自動でワープロ化される機能，LINE やアプリ同士の連動を可能にする機能"など，既存商品よりも先進的な機能の要望が挙がった．販売・プロモーション面の要望では，店頭で購入することが多いため，普段の生活の中で自分たちの目にとまるような販売・プロモーションを望んでいた．

　さらに，回答者の四つのセグメント別にインタビュー結果を考察したが，大きな違いは発見できず，デジアナノートについて，キャリジョ思考の女性大学生の中で更に細分化された意見・考えの特徴はなかった．

5.3.4　インタビュー調査法による仮説の検証

　以上のインタビュー調査法の結果から，図 4.6 の調査仮説は図 5.2 のように検証された．この検証された結果と新たに発見できた仮説を加えて，次の企画ステップで定量的に仮説を検証する．

5.4　新商品コンセプトの方向性を示した仮説を定量的に検証する企画プロセス（アンケート調査法）

5.4.1　アンケート調査を設計して実施する

　インタビュー調査で検証された調査仮説に，新たに導出された仮説を加えて整理すると，アンケート調査法で検証する調査仮説は図 5.3 になる．これらの調査仮説を検証するため，インタビュー調査の結果を活用して，"インタビュー調査に用いたものと同一の回答

5.4 アンケート調査法

者属性""ノートの使用状況と嗜好・選好意識""デジアナノートの認知度・関心度・好意度""デジアナノートに求めること"について質問した調査票(図2.2, 図2.9など)を作成した. また八つの競合対象商品の選好評価については, 調査仮説に挙げられた購買決定要因について, インタビュー調査で導出された評価用語を使用し

仮説1：デジアナノートは有望な市場である
検証1：そのとおりで，デジアナノートの本質的価値が，多くの回答者が求めるデジアナノートの価値と合致する部分が多くあった

仮説2：多くのキャリジョ思考の女性大学生は，自分らしく働く女性に憧れており，理論的なデジタル思考と感覚的なアナログ思考を持つデジアナタイプであるため，最新技術の備わったデジタル商品と今まで使われ続けてきたアナログ商品の双方に関心を持っている
検証2：そのとおりで，キャリアへの関心が高く，社会人に憧れを持っており，効率化のためにアナログツールとデジタルツールを併用しており，デジタル商品とアナログ商品の双方に関心を持っていた

仮説3：キャリジョ思考の女性大学生は，デジアナノートの有望なターゲット顧客である
検証3：そのとおりであった

仮説4：キャリジョ思考の女性大学生のデジアナノートの購買決定要因は，以下のとおりである
　① ノートとデータの両方を所有でき，場所を問わず，ノートの整理・検索・共有できる価値
　② 使い道を自分でアレンジできるような活用シーンを創造できる機能
　③ 興味や好奇心をわかせるようなネーミング
　④ 実物を体験できる販売形態
　⑤ キャリジョ思考の女性大学生のライフスタイルの中での使用を想起させるようなプロモーション
　⑥ キャリジョ思考の女性大学生が興味を持つようなシーンや芸能人を起用したCM
　⑦ ライフスタイルに直結させ，準拠集団や文化との関連付けができるネーミングと仕組み
検証4：①の価値，②の機能，③のネーミング，④の販売形態，⑤のプロモーション，⑥のCMを求めていた．また"ライフスタイルに直結させ，準拠集団や文化との関連付けができる仕組み作り"について，商品を利用することで自分のライフスタイルが効率化される価値が求められていた

新しい仮説として以下が導入された
新仮説1：キャリジョ思考の女性大学生にとって，身近な所でいつでも手に入るような販売場所が求められる
新仮説2：女性らしさが見いだせるようなデザインが求められる
新仮説3：人目に触れるTV CMや街頭広告が求められる

図 5.2　インタビュー調査による調査仮説の検証

148　第 5 章　商品企画七つ道具を用いた商品企画の実践例

た 14 項目を選定し，これらの購買決定要因がどの程度総合的な選好評価に影響するのかを分析するため，総合評価として"使用したい"の評価を加え，各商品とも，5 段階評価する調査票を作成した．

　調査は，関東圏の女性大学生 296 名に対して集合調査法を用いて行い，有効回収率は 100％であった．商品評価については，実物に加え，インタビュー調査に使用した，短時間で商品の特徴が理解できる資料を提示して行った．この有効回答票 296 名のデータに対して単純集計を行い，キャリジョ思考の女性大学生の特徴に近似する回答者 116 名を選定し，この 116 名のデータを用いて分析・考察を行っていく．

仮説 1：デジアナノートは，有望な市場である
仮説 2：多くのキャリジョ思考の女性大学生は，自分らしく働く女性に憧れ，理論的なデジタル思考と感覚的なアナログ思考を持つデジアナタイプであるため，最新技術の備わったデジタル商品と今まで使われ続けてきたアナログ商品の双方に関心を持っている
仮説 3：キャリジョ思考の女性大学生は，デジアナノートの有望なターゲット顧客である
仮説 4：ノートとデータの両方を所有でき，場所を問わずノートの整理・検索・共有ができる価値が求められる
仮説 5：興味や好奇心をわかせる商品のネーミングの価値が求められる
仮説 6：実際に見本が置いてあり，商品が触れられ体験できる販売形態の価値が求められる
仮説 7：学生が使用しているシーンや学生の生活の中で，どのようなときに使えるのかを教えてくれるようなプロモーションの価値が求められる
仮説 8：憧れている芸能人・自分の好きな芸能人が実際に活用しているような CM の価値が求められる
仮説 9：商品を利用することで自分のライフスタイルが効率化される価値が求められる
仮説 10：身近な所でいつでも手に入るような販売場所の価値が求められる
仮説 11：女性らしさが見いだせるようなデザインの価値が求められる
仮説 12：人目に触れる TV CM や街頭広告の価値が求められる
仮説 13：手書きの文字をワープロ化する機能の価値が求められる

図 5.3　アンケート調査での調査仮説

5.4.2 有望なターゲット顧客と調査回答者の適合性を分析する

回答者属性のデータを単純集計した結果（表 2.8）から，本調査の回答者は，有望と考えた"キャリジョ思考の女性大学生"の特徴に多く当てはまると言える．さらに回答者の特徴を詳しく理解するために，回答者属性のデータに対して，数量化Ⅲ類及びクラスター分析を行い，回答者のライフスタイルで三つのタイプ（"機能重視型ストイックタイプ：43 名""クチコミ重視型トレンディタイプ：60 名""個性重視型フレンドリータイプ：13 名"）に分類し，このタイプごとのデータ分析も考察した．

5.4.3 調査仮説を単純集計から検証する

各競合対象商品別に選好評価項目の平均値を求めたスネークプロット（図 5.4）を考察すると，総合評価の"使用したい"で最も平均値が高いのは，売れ筋順位 4 位だった W 商品で，売れ筋順位 1 位だった Z 商品は 7 番目であった（Z 商品は全商品での"使用したい"の平均値よりも低い．）．デジアナ市場で Z 商品が唯一独占状態であったが，ターゲット顧客を変更することで，Z 商品にも勝るビジネスチャンスが存在することがわかった．

既存商品についての各評価項目の結果を考察すると，デジアナノートの本質的価値に関する項目は，高いレベルとまでは言えないが，ある程度の評価を得ていることがわかる．しかし，デザイン，販売形態，プロモーションなどの表層的価値では，かなり低い評価になっている．そのため，企画する新商品については，既存商品よりもデジアナノートの本質的価値のレベルを上げ，既存商品では満

たされていない，デザイン，販売形態，プロモーションなどの表層的価値のどの要素を魅力的価値にするかを的確に捉えることが肝要と言える．

さらに，回答者の三つのセグメント別に単純集計を考察したが，大きな違いは発見できず，キャリジョ思考の女性大学生の中で更に細分化された特徴はなかった．

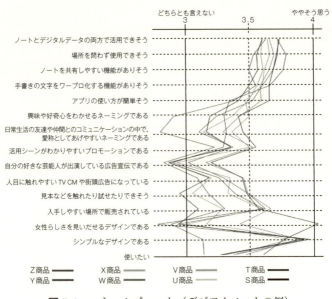

図 5.4 スネークプロット（デジアナノートの例）

5.4.4 調査仮説を要因分析から検証する

競合対象商品に対して選好評価したデータを用いて，"使用したい"を目的変数，"ノートとデジタルデータの両方を活用できそう

〜シンプルなデザインである"までの14項目を説明変数として，8商品全てのデータで重回帰分析（変数増減法による変数選択）した結果が表2.10である．この表2.10より，"シンプルなデザインである"は，t値が最も高く，デジアナノートの選好に一番影響する商品特性であると言える．2番目に影響するのが"女性らしさを見いだせるデザイン"，3番目以降の要因は，"見本等を触れたり試せたりできそう""アプリの使い方が簡単そう"であった．なお，モデルの適合度を示す決定係数は71%であり，元情報に適合したモデルが作成できたと言える．

同様の分析を商品ごとに行った結果，選好に影響する商品特性として共通的に導出されたのが，"ノートとデジタルデータの両方で活用できそう""アプリの使い方が簡単そう"のデジアナノートの本質的な価値であった．また，それ以外の選好に影響する商品特性については，各商品によって表層的価値の内容が異なるが，デザイン，販売形態，プロモーション，ネーミングであった．つまり各商品とも，共通した本質的価値が選好に影響し，その次に各商品によって内容の異なる表層的価値が影響していた．

さらに，回答者の三つのセグメント別に要因分析を考察したが，全体の結果とほぼ同じで，キャリジョ思考の女性大学生の中で更に細分化された特徴はなかった．

152 第5章 商品企画七つ道具を用いた商品企画の実践例

5.5 顧客の購入意向が高まる新商品コンセプトの方向性・競合関係を分析する企画プロセス（ポジショニング分析法）

5.5.1 ポジショニングマップを作成する

競合対象商品に対して選好評価した "ノートとデジタルデータの両方を活用できそう〜シンプルなデザインである" までの 12 項目を用いて因子分析した結果である表 2.13 より，累積寄与率の値は第 3 因子までを使用すると元情報の 70%を説明できるモデルになる．この新しい三つの因子と元の変数との関係を因子負荷量の高い数値から読み取ると，第 1 因子は，"ノートとデジタルデータの両方が活用できそう" "場所を問わず使用できそう" "ノートを共有しやすい機能がありそう" "アプリの使い方が簡単そう" "シンプルなデザインである" の情報を表しており，"効率化機能＋シンプルデザイン" 因子と意味付けできる．以下同様に，第 2 因子を "心惹かれる広告・販売＋女性らしいデザイン" 因子，第 3 因子を "魅力的ネーミング" 因子と意味付けし，第 1 因子〜第 3 因子までの因子得点について，表 2.14 に示したように商品ごとに平均値を求めた．

さらに，"使用したい" を目的変数，第 1 因子〜第 3 因子までの因子得点を説明変数として重回帰分析を行った結果である表 2.15 より，"効率化機能＋シンプルデザイン" 因子，"心惹かれる広告・販売＋女性らしいデザイン" 因子，"魅力的ネーミング" 因子の順に "使用したい" に影響することがわかり，各回帰係数を各軸の相

対重視度に変換した値（選好ベクトルの値）を表2.14に加えた.

この表2.14の値を図2.10に示すように散布図で表し，選好ベクトルも加えて，各商品をポジショニングマップに位置付けた.

5.5.2 ポジショニングマップを分析する

"心惹かれる広告・販売＋女性らしいデザイン"因子軸では，＋の方向に位置付けられる既存商品も存在するが，−方向に位置付けられる商品のほうが多く，売れ筋ランキングで順位の低い商品が−方向に多く見られる．つまり，キャリジョ思考の女性大学生に"使用したい"と思われるためには，この因子で高い評価を得ることに加え，"効率化機能＋シンプルデザイン"因子と"魅力的ネーミング"因子でも選好ベクトル近くに位置付けられることが必須である．そして"効率化機能＋シンプルデザイン"因子軸では，既存商品が−の方向に位置付けられている商品がほとんどであり，売れ筋商品であるZ商品とY商品のみが＋の方向で位置しており，売れ筋商品との特徴ある差別化を図るには，デジアナノートの本質的な価値を象徴するこの因子とは異なる新たな価値（第2・第3因子）で行うのも有効と考える．最後に，"魅力的ネーミング"因子軸では，かなり多くの商品が高評価であり，既存商品でも多くの商品で満たされている要素と言える.

さらに，回答者の三つのセグメント別に選好ベクトルを求め考察したが，大きな違いは発見できず，キャリジョ思考の女性大学生の中で更に細分化された特徴はなかった．なお，"魅力的ネーミング"因子軸については，各セグメントで若干の違いが現れ，"クチ

コミ重視型トレンディタイプ"の選好ベクトルは，より競合の存在しないニッチな領域を示していた（図2.10）.

以上のことから，キャリジョ思考の女性大学生の購入意向が高まる方向性には，既存商品が位置付けされていないことから大きなビジネスチャンスがあり，自社の強みが発揮できる新商品コンセプトの方向性は，"効率化機能＋シンプルデザイン"因子を0.55の割合で，"心惹かれる広告・販売＋女性らしいデザイン"因子を0.45の割合で重視した方向である.

5.5.3 アンケート調査法とポジショニング分析法による仮説の検証

以上のアンケート調査法とポジショニング分析法の結果から，図5.3の調査仮説は図5.5のように検証された.

5.6 新商品コンセプトの具体的な有望アイデアを効率よく的確に創出する企画プロセス（アイデア発想法）

5.6.1 ターゲット顧客のニーズとアイデア発想の方向性を理解する

定性・定量調査で検証してきたターゲット顧客の顕在・潜在ニーズを図2.11のように整理すると，総合的な選好評価に最も影響する"効率化機能＋シンプルデザイン"因子では，具体的な解決して欲しい不満・要望が多いことから，改善策となるアイデアが求められており，チェックリスト発想法を用いてアイデアを発想してい

5.6 アイデア発送法

155

仮説 1：デジアナノートは，有望な市場である
検証 1：そのとおりで，デジアナノートの本質価値を求める人が多く，ターゲット顧客の望む方向で，競合する商品が少ないニッチな領域があり，大きなビジネスチャンスが存在した

仮説 2：多くのキャリジョ思考の女性大学生は，自分らしく働く女性に憧れており，理論的なデジタル思考と感覚的なアナログ思考を持つデジアナタイプであるため，最新技術の備わったデジタル商品と今まで使われ続けてきたアナログ商品の双方に関心を持っている
検証 2：そのとおりで，キャリアに憧れており，デジアナ思考であることがわかった

仮説 3：キャリジョ思考の女性大学生は，デジアナノートの有望なターゲット顧客である
検証 3：そのとおりであった

仮説 4：ノートとデータの両方を所有でき，場所を問わず，ノートの整理・検索・共有できる価値が求められる
検証 4：そのとおりで，デジアナノートの機能的な本質的価値が求められていた

仮説 5：興味や好奇心をわかせる商品のネーミングの価値が求められる
検証 5：そのとおりで，具体的に，覚えやすくシンプルなネーミングが求められていた

仮説 6：実際に見本が置いてあり，商品が触れられ体験できる販売形態の価値が求められる
検証 6：そのとおりで，店舗販売が求められていた

仮説 7：学生が使用しているシーンや学生の生活の中で，どのようなときに使えるのかを教えてくれるようなプロモーションの価値が求められる
検証 7：学生の活用シーンはあまり求められていなかった

仮説 8：憧れている芸能人・自分の好きな芸能人が実際に活用しているような CM の価値が求められる
検証 8：そのとおりで，特に同性である女優や好きな俳優の出演が求められていた

仮説 9：商品を利用することで自分のライフスタイルが効率化される価値が求められる
検証 9：そのとおりで，各場面で利用したい機能を変更できることが求められていた

仮説 10：身近な所でいつでも手に入るような販売場所の価値が求められる
検証 10：そのとおりで，文具専門店や大型雑貨店等の販売場所が求められていた

仮説 11：女性らしさが見いだせるようなデザインの価値が求められる
検証 11：そのとおりで，女性大学生は特にパステルカラーを求めていた

仮説 12：人目に触れる TV CM や街頭広告の価値が求められる
検証 12：そのとおりで，普段から目に付く TV CM でのプロモーションが求められていた

仮説 13：手書きの文字をワープロ化する機能の価値が求められる
検証 13：そのとおりで，デジアナノートの基本機能として求められた

図 5.5 アンケート調査法とポジショニング分析法による
調査仮説の検証

く．また"心惹かれる広告・販売＋女性らしいデザイン"因子と
"魅力的ネーミング"因子では，具体的なニーズが顕在化していな
いことから，顧客もなかなか言葉では表せない要望があると考え，
焦点発想法を用いてアイデアを発想していく．

5.6.2 アイデアを各アイデア発想法によって創出する

チェックリスト発想法では，"効率化機能＋シンプルデザイン"
因子に関するアイデアを創出するため，表 2.19 に示したように，
"ノート情報のデジタル化をしなくなりそう"という不満・要望に
対して，"変更したら"というチェックリスト項目を用いて，"今
よりも簡単にデジタル化できるように変更したら"の変換項目を考
え，今よりも簡単にデジタル化できるアイデアを発想し，"ノート
を閉じると自動でデジタル化される機能"を創出した．同様にし
て，"新しいノート用紙を追加できる補充式にする""勉強用として
だけではなくスケジュールや思考・アイデア出しなど，1 冊のノー
トでさまざまな用途に使用できる"などの有望なアイデアを創出し
た．

焦点発想法では，"心惹かれる広告・販売＋女性らしいデザイ
ン"因子と"魅力的ネーミング"因子に関するアイデアを創出する
ため，表 2.20 に示したように，デジアナノートとは無関係の対象
である"蒸気機関車"を設定し，蒸気機関車の特性・要素を列挙
し，その特性・要素である"写真撮影"から，その撮影した写真を
どのようにするかという，特性・要素の細部を取り上げたり，意味
をかみ砕いたりした"収集する"を連想した．この"収集する"と

デジアナノートの商品を強制的に組み合わせて，"書いたアナログノートもコレクションできる仕組みになっている"という"アナログノートの所有を楽しくさせる価値"を考えたアイデアを創出した．同様にして，"見た目ではノートだとわからなくする""デジタル化機能に画像だけでなく動画機能も加える"などの独創的なアイデアを創出した．

5.6.3 アイデアコンセプトシートを作成する

創出された多くのアイデアについて，ブレインライティング発想法を用いて，発展・組合せを行い，具体的で詳細なアイデアに仕上げ，図2.12に示したようなアイデアコンセプトシートを複数枚作成した．

図2.12のアイデアの特徴は，長細い筒型のデザインで，滑らないようにねじれを入れ，表面素材をプラスチックにしている．本体表面には専用フィルムが貼ってあり，アプリと連動させることで，自分の好みのデザインをフィルムに表示させることができる．ノートの中身は，半円の形に添って折り曲げられた1セット40枚の用紙が入っており，筒の右側に新規の用紙をセットし，左側に文字を記入した用紙が入る構造になっている．用紙は，本体のボタン操作で出し入れができ，本体に用紙を戻すときにノート情報をデジタル化できるようになっている．

アプリの機能は，主にノート情報の共有・転送，フォルダ管理，記載済みノート確認，印刷，アラーム設定で，操作をキャラクターが説明してくれる．デジタルデータの管理はアプリで行い，アナロ

グのノート管理は別ファイルでの保存と文字を記入した用紙がシール状になっており，必要な部分を裁断し，写真アルバムのように整理しながら，他のノートへ貼り付けることが可能になっている．

以上のように，次ステップのアイデア選択法やコンセプトテスト調査で，回答者が各アイデアの価値を正確に理解し，適切に評価できるようにアイデアの特徴を具体的で詳細にしていった．

（5.7） 有望アイデアの絞り込みを顧客評価によって客観的に行う企画プロセス（アイデア選択法）

アイデア発想法によって導出された"長細い筒型のデザイン""本体に用紙を戻すときにノート情報をデジタル化できる"などのアイデアは，今までのノートにない独創的なアイデアであるが，自社が保有する技術だけでは実現が困難であり，自社内部からの反対が想定される．そのため，独創的な幾つかのアイデアについて重み付け評価法で，キャリジョ思考の女性大学生に該当する回答者30名に，図2.14に示した調査票を用いて評価してもらった．

各アイデア群を"効率化機能＋シンプルデザイン"因子〜"魅力的ネーミング"因子について評価してもらった結果（表2.23），"長細い筒型のデザイン""本体に用紙を戻すときにノート情報をデジタル化できる""デジタル化機能に画像だけでなく動画機能も加える"などの独創的なアイデアは，総合得点で高い評価を得たことで，これらのアイデア群を有望なアイデアに絞り込んだ．

5.8 顧客評価によって最適な新商品コンセプトを選定する 企画プロセス（コンジョイント分析法）

5.8.1 コンセプトテスト調査の設計と実施

アイデア選択法でターゲット顧客から高い評価を得た有望アイデアをもとに，表 2.26 に示したコンセプトテスト調査に使用する属性と水準を作成した．

"用紙の特徴" "ノートの付加価値" "補充用紙の枚数と値段" "アプリの基本構成" "デジタルデータの加工" "デジタルデータの保存方法・汎用性" "記載したノート用紙のアナログ管理方法" の属性は，"効率化機能＋シンプルデザイン" 因子の効率化機能の要素として設定した．"ノート全体のデザイン" "ノートの素材" "ノートのサイズ・厚さ" の属性は，"効率化機能＋シンプルデザイン" 因子のシンプルデザインの要素と，"心惹かれる広告・販売＋女性らしいデザイン" 因子の女性らしいデザインの要素として設定した．"販売方法" "販売店" の属性は，"心惹かれる広告・販売＋女性らしいデザイン" 因子の心惹かれる広告・販売の要素として設定した．また "価格" は，新商品コンセプトを企画する上で重要となるため，属性として取り上げた．

調査する属性数が 13 属性になったため，回答者の負担を考慮して，各属性の水準は 2 水準として，各水準は有望アイデアから選定した．これらの属性と水準を L_{16} 直交表に割り付け，図 2.15 に示した五感に伝わる属性プロファイルカードを 16 枚作成し，アンケート調査に用いたものと同一の回答者属性を尋ねた質問も加え

て，コンセプトテスト調査票を作成した．

この16枚のカードを用いて，キャリジョ思考の女性大学生に該当する関東圏の回答者23名に対して，"購入したい" と思う順位を1位〜16位まで回答してもらう，1対1のインタビュー形式の調査を行い，有効回収率は100％であった．回答者には正確にアイデアの価値を理解し，適切に評価してもらうため，時間をかけて属性プロファイルカードを見てもらい，属性プロファイルカードに関する質問に対しては各インタビューアーが丁寧に対応した．回答を得た順位データは，購入したい順位を逆順位（数値が大きいほど，購入したいへプラスの影響を与えるもの）としてコーティングし，データ入力した．

5.8.2　コンジョイント分析による最適水準の導出

まず回答者属性のデータを単純集計した結果，"日常的に気軽に使えるものを選ぶほうだ" "デザインやイメージで選ぶほうだ" "憧れを抱きやすい" "就職に関して高い関心がある" "キャリジョに憧れている" "情報管理はデジタルとアナログの両方を用いている" "シンプルなデザインを好む" "ノートには書きやすさや使用感を求める" "データのデジタル化機能や自動共有機能がついているとよい" "女優を起用したCMを求めている" と回答する人が多く，調査回答者は，ギャリジョ思考の女性大学生の特徴に多く当てはまると言える．

次に，表2.27のコンジョイント分析の結果から，選好に影響する属性は，"ノート全体のデザイン" "デジタルデータの加工" "ア

プリの基本構成"で，特にアイデア発想法によって創出した，今までにない独創的なデザインとデジタル化方法が選好に大きく影響しており，ノート全体のデザインとして"筒型のデザイン"が求められ，魅力的な価値として高い評価を得ている．次に影響度が高い属性は，"デジタルデータの加工"の属性で，水準は"デジタル化してからも画像が編集できる"が求められている．同様に，その次が"アプリの基本構成"の属性で，水準は"本体ボタンを押すと自動でアプリが配信・起動"が求められている．

このように，コンセプトテスト調査に取り上げた 12 属性は，価格の属性よりも効果の値が高く，ターゲット顧客のニーズをもとに創出されたアイデアは，価格に勝る魅力ポイントとなっており，導出された属性と水準は，有望な新商品コンセプトであると検証できる．

以上の分析結果から各属性の効用値の高い水準を組み合わせた，図 5.6 に示すものを最適な新商品コンセプトに選定した．

---

① ノート全体のデザインは "筒型デザイン"
② ノートの素材は "防水加工の布（シルク・リネン・麻)"
③ ノートのサイズ・厚さは "直径 5 cm で，縦 210 mm，横 50 mm の大きさ"
④ 販売店と販売方法は "大型雑貨店" での "体験型方式"
⑤ アプリの基本構成は "本体ボタンを押すと自動でアプリが配信される"
⑥ デジタルデータの加工は "画像編集"
⑦ ノートの付加価値は "色彩変更／カスタマイズ"
⑧ デジタルデータの保存方法・汎用性は "アプリ内のみで保存を行う"
⑨ 記載したノート用紙のアナログ管理方法は "記入済みノートは紙がシール状"
⑩ 本体の価格は "1000 円"
⑪ 別売りの補充用紙の枚数と値段は "40 枚 500 円"

図 5.6 最適な新商品コンセプト

162 第5章 商品企画七つ道具を用いた商品企画の実践例

5.9 新商品を特徴付ける顧客の期待項目とその期待を実現する重要な技術特性の関連性を可視化する企画プロセス（品質表）

5.9.1 品質表を作成する

コンジョイント分析法で導出した最適水準（図5.6）をもとに，図2.19に示した期待項目一覧表を"ノート本体の形状が筒型になっている""ノート本体の素材が布になっている"などと，アンケート調査法で用いた選好評価項目に対応する順番で作成し，各期待項目を現実化するための技術的な特性を，"本体形状""用紙排出性""アプリ操作性"などと期待項目を測定する尺度となりそうな技術要素を考えて一覧表にした．この各期待項目と各技術特性の重なるマトリックスの各マス目の中に，"ノート本体の形状が筒型になっている"という期待項目を実現するために，"本体形状""本体操作性""本体デザイン性"の技術特性は"必ず関係する"と考え，"◎（必ず関係あり：3点）"の記号で対応付けた．以下同様に，期待項目と技術特性の対応関係を"◎（必ず関係あり：3点），○（関係あり：2点），△（要検討：1点）"の3段階で対応付けした．

次にコンジョイント分析で導出した最適水準の部分効用値を，表2.30に示したように7段階に区分し，最大効用値を10点とした等分割で得点化し，表2.31に示したようにこの得点を各期待項目の重視度とした．企画品質設定表には，ポジショニング分析で"効率化機能＋シンプルデザイン"因子の評価が高かった"Y商品""Z商

品"と，"心惹かれる広告・販売＋女性らしいデザイン"因子の評価が高かった"W商品""V商品"について，アンケート調査の選好評価項目の平均値の結果と，競合品の現物やカタログなどで各期待項目を分析した結果を用いて，5段階評価した比較分析を加えた．この比較分析も考慮しながら，最終的な期待項目重視度を決定した．

　この期待項目重視度と二元表の対応関係を用いて，次のように技術特性重要度を算出した．なお本テーマでは，重要な技術特性を明瞭にするため独立配点法を用いた．"本体形状"の技術特性については，期待項目の"ノートの本体の形状が筒型になっている"の対応関係のウェイト"3"とその期待項目重視度の得点"10"を掛け算し（3×10=30），期待項目の"ノート本体にスキャナーがついている"まで同様に求め，求めた値を全て合計（30＋15＋18＋18＋30＋30＋30）し，"171"と算出した．以下同様に各技術特性の重要度を算出し，品質表を作成した．

5.9.2　品質表を分析する

　図2.19の品質表より，重要な顧客の期待項目は，期待項目重要度から"ノート本体の形状が筒型になっている""ノート本体ボタンを押すと自動でノートから紙が出る""ノート用紙をノート本体に戻せる""ノート本体にスキャナーがついている""ノート情報登録をノート本体ボタンでカテゴリー分けできる""登録したデジタルデータを加工できる"であり，重要な技術特性は，技術特性重要度から"本体デザイン性""本体操作性""本体形状の技術""用紙収納性""用紙スキャン性"であることがわかった．

164　　第5章　商品企画七つ道具を用いた商品企画の実践例

そこで重要になった技術特性は，開発者，設計者と一緒に詳細な技術特性に展開し，自社の保有する技術で実現できるのか，ボトルネック技術を検討した．さらに，重要な技術特性の実現レベルを明確にし，その実現レベルを自社の保有する技術で対応できるのか検討するため，重要な期待項目の技術的実現レベルを幾つかの水準に設定し，どのレベルであると顧客の期待を達成できるか分析するための実験調査を開発者，設計者と一緒に計画し，企画した新商品を実現するための技術的問題点とその対応計画を確認した．

(5.10)　経営管理者から企画の承認を得て，後工程の各部門へ企画内容を的確に伝達・共有する企画プロセス（企画書の作成と企画書承認会議でのプレゼンテーション）

商品企画七つ道具によって導出した新商品の企画内容が，企画プロセス後の後工程を担当する各部門に的確に伝わり，企画部門の企画意図・狙いが共有されるように企画書（図5.7〜図5.12など）を作成した．

企画書は，ターゲット顧客と新商品コンセプトを，後工程を担当する各部門が源流情報として利用しやすいように，製品開発部門に対しては，新商品の特徴だけでなく，品質表を作成・分析し，開発者・設計者と協創して導出した重要な期待項目・技術特性やボトルネック技術についても記載した．

同様に企画書は，デザイン開発，アフターサービス開発，プロモーション戦略，販売戦略などの源流情報になるため，企画意図・

5.10 企画書の作成とプレゼンテーション

狙いが適切に引き継げるように，デザイン部門に対してはデザインの企画を，販売営業・プロモーション部門に対しては，販売・プロモーションの企画を作成し記載した（これらに，原材料，部品，設備，備品なども加えて，トータルソリューションの企画と呼んでいる．）．

本事例では，商品自体の企画はもちろんであるが，このようなトータルソリューションの企画を行うことも前提に，さまざまな情報の収集と分析をピラミッド型仮説構築法の段階から行ってきた．なお，トータルソリューションの企画は，商品企画七つ道具によって導出した新商品の企画内容をインプットとして使用する，現在研究開発中の"BS-Edit法"を用いて行った．BS-Edit法は，ブランドの世界観（Brand identity Story）を体現した経験価値（Experience value）が備わった，デザイン（Design），販売，プロモーションを，最新のインフラ技術（Infrastructure Technology）を用いてどのように展開していくかを創り上げていく手法である．また，各部門が行う製品開発，デザイン開発，アフターサービス開発，プロモーション戦略，販売戦略について，どのように企画部門が関わり，共創していくのかを示した体系図や作業計画表も記載した．

企画書承認会議でプレゼンテーションを行い，企画書の承認を得た後には，新商品を市場導入するまでのプロセスをマネジメントし，次期新商品企画のために，本企画プロセスについて，組織内・外で取られたデータを活用しながら，どのような点で問題や不具合が生じたのか検討し，改善・見直し・対策も行った．

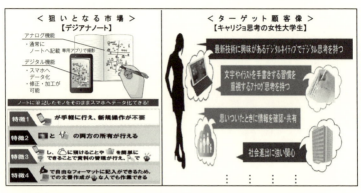
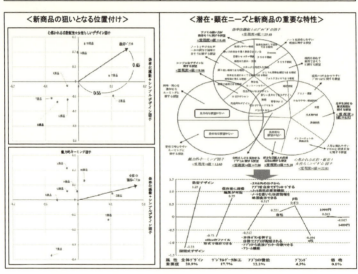

図 5.7 企画書例 1（新商品の企画意図や狙いについて）

5.10 企画書の作成とプレゼンテーション

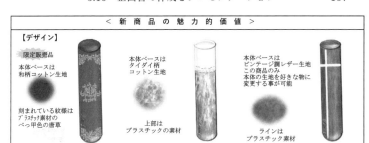
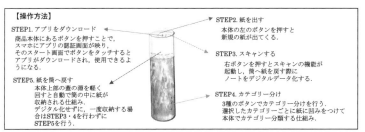
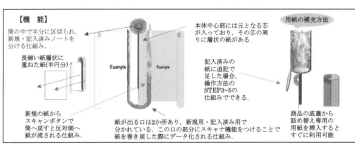
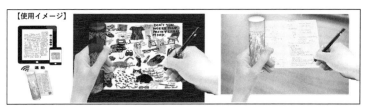

図 5.8　企画書例 2（デザイン・使い方・機能について）

168　　　第 5 章　商品企画七つ道具を用いた商品企画の実践例

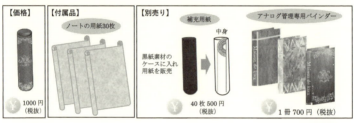

【販売方法】	【プロモーション】
Loftや東急ハンズなどの大型雑貨店での販売に加え，本商品についての経験価値を与えるため，珈琲ショップを併設した大型書店とコラボし，…	"日本の古き良き伝統と現代デジタルを掛け合わせた和モダン"をイメージさせるポスターを作成し，街頭広告に使用するとともに，女性誌AanAamと…

図 5.9　企画書例 3（アプリ・価格・付属品・別売り・ネーミングについて）

5.10 企画書の作成とプレゼンテーション

図 5.10 販売方法の企画（自販機による販売）

図 5.11 広告の企画（ポスター・看板広告）

170　　　第 5 章　商品企画七つ道具を用いた商品企画の実践例

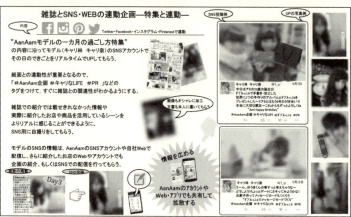

図 5.12　プロモーションの企画（女性誌と SNS によるプロモーション）

あ と が き

　商品企画七つ道具の歴史は，筆者の研究の歴史でもある．それだけに商品企画七つ道具の歴史の節目に，また令和が始まるこの節目に，本書を出版できることを本当に心から幸せに思う．

　ただし，本書にまとめたほとんどの内容は，商品企画七つ道具の生みの親である神田範明先生を中心とした"商品企画とマーケティング"ワーキンググループの諸先生方から授かったものであり，たまたま偶然に筆者が取りまとめただけであって，全ては諸先生方の研究成果の賜物である．この意味においても，商品企画七つ道具の歴史をたどるごとに，筆者にとっては，諸先生方の研究成果とともに，諸先生方と過ごした思い出も浮かび，感慨深いものがあった．

　特に筆者の指導教授である神田範明先生とは，商品企画七つ道具誕生前から，さまざまな形で商品企画七つ道具について直接ご指導をいただいた．"『感動商品を創る』これを目指さなければ意味がない"と当時からこのキーワードを使い，世の中に存在しない新商品を企画する方法論という難題に常に挑戦しているお姿を一番近くで見させていただいた．当初は，"商品企画のシステム化などできるのか""ヒット商品を企画する方法など存在しない"など，さまざまな問題点や批判を受ける中，多くの努力と情熱で商品企画七つ道具をこれだけも普及させ，進化・発展させてきた神田範明先生を本当に誇りに思う．それだけに本書の執筆企画段階では，神田範明先生が Neo P7 を出版されてからまだ 4 年程度しか経っていない中

で，本書の価値をどのように執筆すればよいのか，悩みに悩み，プレッシャーに押しつぶされる日々であった．その都度，"感動を目指せ""一言で，1枚で言いたいことを表現せよ"という神田範明先生のお言葉を思い出し，本書を完成させることができた．神田範明先生の求める感動レベルにまだまだ到達できていないが，今後の研究を通じてそのレベルに到達できるよう努力する所存である．

また，大藤正先生，岡本眞一先生，今野勤先生，長沢伸也先生からも，さまざまな形でご指導を賜り，多くの影響を受けた．本書にそれらの受授させていただいた多くの知識や知恵が，少しでも感じ取れるようであれば，最高の喜びである．

そして，商品企画七つ道具の実践研究は，多くの情熱とときめきを持った丸山研究室のゼミ生たちと行ってきた．企業・団体の実務担当者を驚かせ，世の中を感動させる商品を目指して，日々格闘してきた．ゼミ生の荒削りの若い感性と熱中した素顔は，筆者を奮い立たせ，高い目標や多くの困難に立ち向かわせてくれた．多くのゼミ生と過ごした多くの時間は筆者の宝物であり，忘れることのできない思い出ばかりである．この場を借りて全てのゼミ生に感謝を伝えたい．

最後に，商品企画七つ道具もまだまだ進化・発展の途中である．商品企画の質保証やプロセス保証をより確実にするためには，商品企画七つ道具における企画プロセスの前後も含めた，新商品企画の体系化のあり方とその方法論に関する研究も必要である．これらの残された課題や新しいテーマに取り組み，新商品開発マネジメント，更には企業・組織の価値創造・提供活動に貢献できる実践的研究をこれからも続けていく．

引用・参考文献

1) 日本品質管理学会編(2009)：新版品質保証ガイドブック，日科技連出版社
2) 中條武志，山田秀編著，日本品質管理学会標準委員会編(2006)：TQM の基本，日科技連出版社
3) 丸山一彦(2014)：創造アーキテクトと新商品企画の定式化②－新商品企画の定式化とは－，日科技連ニュース，7・8 月合併号，pp.6-7
4) 日本品質管理学会監修，大藤正(2010)：JSQC 選書 13　QFD，日本規格協会
5) 神田範明(2000)：ヒットを生む商品企画七つ道具　はやわかり編，日科技連出版社
6) 神田範明編著，大藤正，岡本眞一，今野勤，長沢伸也，丸山一彦(2000)：ヒットを生む商品企画七つ道具　よくわかる編，日科技連出版社
7) 神田範明編著，大藤正，岡本眞一，今野勤，長沢伸也，丸山一彦(2000)：ヒットを生む商品企画七つ道具　すぐできる編，日科技連出版社
8) 神田範明編著，顧客価値創造ハンドブック編集委員会編(2004)：顧客価値創造ハンドブック－製造業からサービス業・農業まで感動を創造するシステム，日科技連出版社
9) 飯塚悦功監修，神田範明編著，大藤正，岡本眞一，今野勤，長沢伸也(1995)：商品企画七つ道具－新商品開発のためのツール集，日科技連出版社
10) 丸山一彦編著，杉浦正明(2018)：開発者のための市場分析技術，日科技連出版社
11) 酒井隆(2004)：マーケティングリサーチハンドブック，日本能率協会マネジメントセンター
12) 盛山和夫(2004)：社会調査法入門，有斐閣
13) 神田範明(2013)：神田教授の商品企画ゼミナール－ Neo P7 ヒット商品を生むシステム，日科技連出版社
14) 丸山一彦(2010)：ライフスタイルセグメンテーションを活用した商品企画手法の新たな試み，富山短期大学紀要，第 45 巻，pp.157-174
15) 片平秀貴(1987)：マーケティング・サイエンス，東京大学出版会
16) 芝祐順(1979)：因子分析法 第 2 版，東京大学出版会
17) Alex F.Osborn（1957）：*Applied Imagination- principles and*

procedures of creative problem-solving -,　Scribner

18)　神田範明，丸山一彦(1995)：技術シーズからの商品企画の一方法，日本品質管理学会第 49 回研究発表会要旨集，pp.17-20

19)　佐々木脩，工藤紀彦，谷津進，直井知与(1985)：実践実験計画法，日刊工業新聞社

20)　岡本眞一(1999)：コンジョイント分析，ナカニシヤ出版

21)　丸山一彦(2014)：創造アーキテクトと新商品企画の定式化①－モノ(価値)づくりをマネジメントする新時代－，日科技連ニュース，5 月号，pp.4-5

22)　神田範明編著，小久保雄介(2019)：失敗しない商品企画教えます－リアル事例で学ぶ最強ツール P7 の使い方，日科技連出版社

23)　丸山一彦(2014)：有望市場・有望ターゲットを発見するための仮説構築に関する研究，和光経済，Vol.46，No.2，pp.21-38

24)　丸山一彦(2014)：創造アーキテクトと新商品企画の定式化③－新商品企画プロセスの定跡型－，日科技連ニュース，10 月号，pp.6-7

25)　丸山一彦(2014)：創造アーキテクトと新商品企画の定式化④－ mPS 理論と創造アーキテクト人材－，日科技連ニュース，12 月号，pp.6-7

26)　Philip Kotler（1999)：*Kotler on Marketing - How to Create,　Win,　and Dominate Markets -*，The Free Press

27)　長沢伸也編著，早稲田大学ビジネススクール長沢研究室(2005)：ヒットを生む経験価値創造，日科技連出版社

28)　美崎栄一郎(2012)：ただのノートが 100 万冊売れた理由－話題の文具を連発できるキングジムの"ヒット脳"，徳間出版

29)　高橋政史(2014)：頭がいい人はなぜ方眼ノートを使うのか?，かんき出版

30)　深沢高(2016)：マンスリー市場レポート 32 文具・事務用品 成長株は筆記具！：じんわりと緩やかな伸びに期待する文具・事務用品市場，ワイエムビジネスレポート，No.88，pp.17-19

31)　筒井美紀(2006)：ノートをとる学生は授業を理解しているのか?，京都女子大学現代社会研究，第 9 号，pp.5-21

32)　森本千賀子，増渕達也(2016)：ヘッドハンター，富裕層研究家が証言 役員になる男 vs 課長止まりの男「書き方」比較，PRESIDENT，Vol.54，No.7，pp.24-27

33)　大森ひとみ(2004)：男の仕事は外見力で決まる，幻冬舎

34)　博報堂キャリジョ研(2018)：働く女の腹の底－多様化する生き方・考え方，光文社

索　引

あ

アイデア選択　21
　――法　69
アイデア発想　21
　――法　57
IPO　22
アナロジー発想法　63
アンケート調査　21
　――法　40

い

一対比較評価法　70
因子負荷量　53
インタビュー調査　19
　――法　28
インタビューフロー　35

お

重み付け評価法　70

か

下位概念　30
回帰係数　49
仮説発掘アンケート調査法　99
仮説発掘法　93

き

企画のアウトプットの質　16
企画のプロセス保証　17

技術特性重要度　84
期待項目　84
QFD　18
競合対象商品調査法　116

く

グループインタビュー調査法
　　　　　　　　　　　33

け

経験価値モジュール分析　126

こ

効果　77
コーディング　45
購買行動プロセス分析　110
顧客属性　31, 46
コンジョイント分析　21
　――法　74, 78
コンセプト　14

し

シーズ発想法　65
市場形成史　110
重視度　77
上位概念　30
焦点発想法　66
商品企画七つ道具　5, 19, 22,
　25
商品の企画・計画　14

新商品　13
　──開発管理　14

す

水準　74
SWOT 分析　110

せ

セグメント　30
説明変数　48
選好　30
　──ベクトル　51

そ

相関係数　53
属性　74
　──プロファイルカード　74

ち

チェックリスト発想法　64
知覚マップ　51
直交表　81

て

t 値　49
TQM　13
定性的手法　22
定量的手法　22
デジアナノート　135

と

洞察分析　105, 109
独立配点法　86

に

ニーズ　13
二元表　84
二次データ　105

ね

Neo P7　93

ひ

BS-Edit 法　165
P7-2000　6
評価グリッド調査法　28
評価構造図　28
評価項目　30
ピラミッド型仮説構築法　106
比例配分法　86
品質表　84
　──設計　21

ふ

フォト日記調査法　94
部分効用値　74
ブレインライティング発想法　66
プロセス保証　14

ほ

ホールド・アウト・カード　82
ポジショニング分析　21
　──法　50
ポジショニングマップ　51
ボトルネック技術　89

ま

マクロ環境要因分析　110

み

ミクロ環境要因分析　110
魅力的提供価値洞察分析法
　125

も

目的変数　48
モジュール　19

ゆ

有望市場洞察分析法　108

有望ターゲット顧客洞察分析法
　120

よ

要因分析　48
4P 分析　126

ら

ライフスタイルセグメンテーショ
　ン分析　47

わ

割り付け　81

JSQC選書30

商品企画七つ道具
潜在ニーズの発掘と魅力ある新商品コンセプトの創造

定価：本体 1,700 円（税別）

2019 年 10 月 1 日　　第 1 版第 1 刷発行

監 修 者　一般社団法人 日本品質管理学会

著　　者　丸山　一彦

発 行 者　揖斐　敏夫

発 行 所　一般財団法人 日本規格協会
　　　　　〒108-0073　東京都港区三田 3-13-12 三田 MT ビル
　　　　　https://www.jsa.or.jp/
　　　　　振替　00160-2-195146

製　　作　日本規格協会ソリューションズ株式会社

制作協力・印刷　日本ハイコム株式会社

© Kazuhiko Maruyama, 2019　　　　　　　　Printed in Japan
ISBN978-4-542-50487-5

● 当会発行図書，海外規格のお求めは，下記をご利用ください.
　JSA Webdesk(オンライン注文)：https://webdesk.jsa.or.jp/
　通信販売：電話 (03)4231-8550　FAX (03)4231-8665
　書店販売：電話 (03)4231-8553　FAX (03)4231-8667

JSQC選書

JSQC（日本品質管理学会） 監修

定価：本体 1,500 円〜1,800 円（税別）

1	**Q-Japan** よみがえれ，品質立国日本	飯塚　悦功　著
2	**日常管理の基本と実践** 日常やるべきことをきっちり実施する	久保田洋志　著
3	**質を第一とする人材育成** 人の質，どう保証する	岩崎日出男　編著
4	**トラブル未然防止のための知識の構造化** SSM による設計・計画の質を高める知識マネジメント	田村　泰彦　著
5	**我が国文化と品質** 精緻さにこだわる不確実性回避文化の功罪	圓川　隆夫　著
6	**アフェクティブ・クォリティ** 感情経験を提供する商品・サービス	梅室　博行　著
7	**日本の品質を論ずるための品質管理用語 85**	日本品質管理学会 標準委員会　編
8	**リスクマネジメント** 目標達成を支援するマネジメント技術	野口　和彦　著
9	**ブランドマネジメント** 究極的なありたい姿が組織能力を更に高める	加藤雄一郎　著
10	**シミュレーションと SQC** 場当たり的シミュレーションからの脱却	吉野　　睦 仁科　　健　共著

日本規格協会　　　　　　　　https://webdesk.jsa.or.jp/

JSQC選書

JSQC（日本品質管理学会） 監修
定価：本体 1,500 円～1,800 円（税別）

11	**人に起因するトラブル・事故の未然防止と RCA** 未然防止の視点からマネジメントを見直す	中條　武志　著
12	**医療安全へのヒューマンファクターズアプローチ** 人間中心の医療システムの構築に向けて	河野龍太郎　著
13	**QFD** 企画段階から質保証を実現する具体的方法	大藤　　正　著
14	**FMEA 辞書** 気づき能力の強化による設計不具合未然防止	本田　陽広　著
15	**サービス品質の構造を探る** プロ野球の事例から学ぶ	鈴木　秀男　著
16	**日本の品質を論ずるための品質管理用語 Part 2**	日本品質管理学会 標準委員会　編
17	**問題解決法** 問題の発見と解決を通じた組織能力構築	猪原　正守　著
18	**工程能力指数** 実践方法とその理論	永田　　靖 棟近　雅彦　共著
19	**信頼性・安全性の確保と未然防止**	鈴木　和幸　著
20	**情報品質** データの有効活用が企業価値を高める	関口　恭毅　著

日本規格協会　　　　https://webdesk.jsa.or.jp/

JSQC選書

JSQC（日本品質管理学会）　監修

定価:本体 1,500 円〜1,800 円（税別）

21	低炭素社会構築における産業界・企業の役割	桜井　正光　著
22	**安全文化** その本質と実践	倉田　聡　著
23	**会社を育て人を育てる品質経営** 先進, 信頼, 総智・総力	深谷　紘一　著
24	**自工程完結** 品質は工程で造りこむ	佐々木眞一　著
25	**QC サークル活動の再考** 自主的小集団改善活動	久保田洋志　著
26	**新 QC 七つ道具** 混沌解明・未来洞察・重点問題の設定と解決	猪原　正守　著
27	**サービス品質の保証** 業務の見える化とビジュアルマニュアル	金子　憲治　著
28	**品質機能展開（QFD）の基礎と活用** 製品開発情報の連鎖とその見える化	永井　一志　著
29	**企業の持続的発展を支える人材育成** 品質を核にする教育の実践	村川　賢司　著

日本規格協会　　https://webdesk.jsa.or.jp/

図 書 の ご 案 内

おはなし科学・技術シリーズ

おはなし新商品開発

事例で分かる CRT や
新商品開発スコアカードの威力！

圓川隆夫・入倉則夫・鷲谷和彦　共編著
B6 版・166 ページ　定価：本体 1,700 円（税別）

【 概 　 要 】

- "何が"根源的な問題で，それを"何に"変えるべきかを探る最適な考え方・手法として，『ザ・ゴール』のエリヤフ・ゴールドラット博士が提唱する CRT（Current Reality Tree：現状問題構造ツリー）に注目．
- 日本の組織に合う CRT の実践方法を成功事例をもとに紹介．更には，実践を助ける"カルタ"とその使い方も紹介！
- また，スピーディで成功率の高い新商品開発のために役立つ手法として，"新商品開発スコアカード"についても分かりやすく解説．
- ストーリー仕立てで，理論や手法，秘訣を平易に解説しているので，「その気」にさせてすぐ「実践」できる，最適な一冊！

【主要目次】

第 1 部　経営革新の中核問題
プロローグ
1. コンサルタント高橋との出会い
2. "CRT"とは
3. いざ，CRT の開始
4. CRT の完成へ
5. 全体最適と部分最適のねじれ現象
6. ブレークスルーに向けた大事な一歩―キーパーソンの参画
7. ブレークスルー案と FRT
8. 松井印刷の改革のスタート
9. 補助ツール"カルタ"
エピローグ
＜付録＞ カルタ

第 2 部　新商品開発を進めるヒント
プロローグ
1. 己を知り，敵を知ろう
2. 新商品開発のプロセス
3. 新商品開発のビジョンを作る
4. お客様の要望を商品仕様として具体化する
5. 新商品の完成度を高める
6. 品質を確実に作り込む
7. スピードある開発を進める
8. 源流管理―究極の効率化概念
9. プロジェクトを確実に進める
10. 試作品の試験評価を進める
11. 新技術を特許で知る
12. "何を"，"何に"変えるか
エピローグ
＜付録＞ 特許情報の検索

日本規格協会　　https://webdesk.jsa.or.jp/